——一本古怪、有趣的咖啡书——

慢咖啡

两代烘焙师的咖啡笔记

[比] **马尔蒂内·奈丝特尔斯**

[比] **马里昂莱·菲尔梅尔斯**　著

[比] 海琪·费尔杜尔莫 摄影

林霄霄 译

江苏凤凰科学技术出版社·南京

江苏省版权局著作权合同登记 图字：10-2018-545 号

图书在版编目（CIP）数据

慢咖啡：两代烘焙师的咖啡笔记 /（比）马尔蒂内·奈
丝特尔斯，（比）马里昂莱·菲尔梅尔斯著；林霄霄 译 .
-- 南京：江苏凤凰科学技术出版社，2021.12
　 ISBN 978-7-5713-2196-3

　Ⅰ . ①慢… Ⅱ . ①马… ②马… ③林… Ⅲ . ①咖啡—
基本知识 Ⅳ . ① TS273

中国版本图书馆 CIP 数据核字 (2021) 第 162396 号

慢咖啡 两代烘焙师的咖啡笔记

著　　　者	［比］马尔蒂内·奈丝特尔斯 ［比］马里昂莱·菲尔梅尔斯	
摄　　　影	［比］海琪·费尔杜尔莫	
译　　　者	林霄霄	
策　　　划	陈　艺	
责 任 编 辑	陈　艺	
责 任 校 对	仲　敏	
责 任 监 制	方　晨	
出 版 发 行	江苏凤凰科学技术出版社	
出版社地址	南京市湖南路 1 号 A 楼，邮编：210009	
出版社网址	http://www.pspress.cn	
印　　　刷	佛山市华禹彩印有限公司	
开　　　本	718 mm × 1000 mm　　1/16	
印　　　张	11.75	
字　　　数	200 000	
版　　　次	2021 年 12 月第 1 版	
印　　　次	2021 年 12 月第 1 次印刷	
标 准 书 号	ISBN 978-7-5713-2196-3	
定　　　价	68.00 元	

图书如有印装质量问题，可随时向我社印务部调换。

享受的力量

我将这本关于咖啡的书献给：

精心的种植者。 在数不胜数的咖啡园里，敬业而又充满热情的咖啡种植者们，精心地呵护着这些珍贵的植物，他们选用最好的果实进行加工，然后把咖啡豆运送到港口；

可靠的贸易商。 品种优良的咖啡豆经其专业挑选，运输并出口到世界各地。他们恪守商业道德，品质至上和公平贸易是他们的信条；

训练有素的分拣师。 他们无须借助任何工具，就能分辨出各类咖啡豆之间最细微的差别，以求精准分拣；

勤劳的咖啡匠人。 他们细心负责，极具工匠精神，烘焙、包装、售卖这些咖啡豆；

有品位的零售商。 他们向客人提供专业建议和周到服务，售出纯粹、优质的咖啡产品；除了他们，还有谁更了解为什么有的时候咖啡会这样；

咖啡专家。 他们用自己的知识和技能持续提供高质量的服务，但是他们无法将自己对咖啡的情感直接传递给你；

无数的咖啡爱好者。 就是你，我亲爱的读者，你肯定是其中之一。因为你愿意去寻找最美味的咖啡豆，愿意为一杯香醇的咖啡付出精力和时间。这本书将帮助你找到自己向往的。

马里昂莱·菲尔梅尔斯

前 言

天堂饮品

咖啡是我唯一的救赎
比1000个吻还甜蜜
比起泡酒更美味……

《咖啡康塔塔》作品第211号
约翰·塞巴斯蒂安·巴赫，1732年

　　自咖啡被发现以来，一度被推崇为上帝的饮品。在那个阴霾笼罩的年代，等级制度森严，只有代表着高贵血统和精神的贵族阶层才能偶尔享用一点咖啡。但与很多曾经高贵的特权产品一样，咖啡后来也日趋平民化。现在你可以在厨房，在各个阶层消费者的房间里找到它。"旧时王谢堂前燕，飞入寻常百姓家"，咖啡已成为日常饮品，不再那么高不可攀。

　　曾经，我们的祖先有大量的时间去充分享受并细心发掘无数美味。而今天，当我们成了消费者，一些人只希望找到更为经济的方式，进行必要的"支出"。同时，另一些人则乐于各种炒作，浮于表面，对事物真正的内涵却毫不关心。

　　然而……生活中的艺术家并没有消失。他们虽然承受着来自技术、知识和物质的压力，但仍经常仰望天空去寻觅。为了舒适惬意的幸福生活，他们定期放空，时常选择去忘记时代潮流和自己的钱包，不惜花费时间和空间，去追求生活的品质。

　　我们的书能够为如上的"慢人类"提供实用信息和愉悦知识，使他们的日常生活充满仪式感，在学习中不断享受。

咖啡已融入我的基因里

可以说，我是在一包包咖啡豆中出生的，同时，我也是家族中的第三代咖啡烘焙师。

我的曾祖父是比利时朗厄马克的农民，他有一个大家庭，他的四个儿子都不爱学习。第二次世界大战期间，为了让孩子们能够养活自己，他买了一块地给他们种植菊苣根。他的大儿子，也就是我的祖父奥斯卡，以及他的两个兄弟都在那里工作。由于法国等国家对于咖啡的需求不断增长，他们开始烘焙咖啡。第二次世界大战之后，我的祖父和祖母来到海边城市文代讷定居，他们买了一栋房子开了家玩具店，但是很快的，祖父心里的咖啡虫又痒痒起来。当时，布兰肯贝赫的一家老烘焙厂开始出售机器，祖父奥斯卡把一台咖啡烘焙机、一台咖啡秤和几个储物箱带回了家。他在玩具店的后院，安装了这些机器，开始烘焙咖啡。最终，在文代讷的海堤边，开了一家不起眼的咖啡店。

我的父亲约翰还是个孩子的时候，就已经学会了咖啡工艺的技巧。1970年，他接管了咖啡生意。1972年，他和我的妈妈马尔蒂内·奈丝特尔斯结婚。妈妈在村里教堂前的广场上买了一栋房子，开了一家叫作Koffie Kàn的现代咖啡烘焙小店。后来，我的父母将Koffie Kàn发展成为一家注重质量、可持续发展和品牌影响力的中型咖啡烘焙厂。从父母开设小店的第一天起，他们就注重个性化发展：深层次的价值观定位使店铺更具吸引力，也会更加促进发展。从一开始，在与跨国公司的国内竞争中，热情就是小咖啡公司脱颖而出的驱动力。我们用独特的方式——"戴克洛特（DYCOLOTE®）烘焙"或者也叫"慢烘焙"来烘焙咖啡。我们始终乐于与客户，以及所有对咖啡感兴趣的人交流。

从童年开始，咖啡世界就令我着迷，我和Koffie Kàn一起成长，了解它的每一点进步。所以毫无悬念的，在结束了其他工作之后，我于1999年加入了父母的公司。自2011年起，我和丈夫弗雷德里克一起经营Koffie Kàn。带着我从父辈那里继承的灵感与坚持，融汇了对时代发展的诠释，以及对现代咖啡爱好者兴趣的感知，我们把这本书的主题定为"慢咖啡"。因为在所有浓缩咖啡之外，我们可以，并且必须在这个飞速发展的年代，拥有片刻平静、放松享受的力量。

—目录—

速溶咖啡……什么也没溶出来

咖啡渣

—Part 01—

品尝

PART 01

品尝

葡萄酒爱好者一般都知道大量的葡萄酒品牌、产地和较好的收获年份。咖啡爱好者相比之下也不遑多让。来自同样繁多的产区、使用同样多变的萃取方式，造就了咖啡的各种风味，也让咖啡品尝和葡萄酒品鉴一样充满了多样性。不过，就像葡萄酒鉴赏家一样，你也一定想知道该如何品尝咖啡，如何使用准确的词汇，精确地描述你个人最爱的风味。

闻和尝，如何进行？

我们有很多特殊的**感觉神经**，用来闻和尝。口腔中的一些部位能感知味道：味蕾不仅存在于舌头上，也存在于软腭、会厌、小舌和喉咙上。舌头上的味蕾位于舌尖，从舌头的侧面延伸到背面，舌头背面也有味蕾。

我们的舌头的每个部位都能感知味道，但感知的强度不同。舌尖对咸味和甜味更敏感，舌头侧面对不同程度的酸味更敏感，舌头的背面对苦味更敏感。我们尝到不同味道的速度是不一样的：首先是苦味，其次是甜味，再次是酸味，最后是咸味。

味觉刺激实际上是对水溶液（例如唾液）中化学物质的感知。糖产生甜味，碱产生咸味，酸性溶液产生酸味，生物碱溶液（例如咖啡因）会产生苦味。这四种基本口味可以有无数种组合，造成味道上微妙的差别。

此外还有三十种主要的气味。嗅觉和听觉一样，是一种分析型的感官，因为你可以分辨出两种混在一起的不同的（气味或声音）刺激。咖啡是一种极其复杂的产物，包含有上千种不同的气味成分。我们可以把咖啡和坚

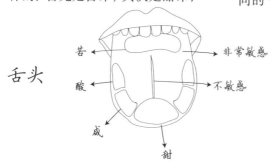

舌头

苦 → 非常敏感
酸 → 不敏感
咸
甜

果做个比较：坚果只有50种气味成分。

抚慰多种感官

咖啡的风味涉及很多因素：原产国、种植园、品种、生咖啡豆的加工、烘焙度、研磨度、准备过程……每一种因素、每一个时刻，都会影响我们最终在咖啡杯里品尝到的味道。**所以，了解咖啡就是品尝咖啡**，反之亦然。

品尝是多个感官的共同合作

和葡萄酒一样，品尝咖啡需要用到多种感官：

- 眼睛：这杯咖啡看起来怎么样？
- 鼻子：这杯咖啡闻起来怎么样？
- 口腔：这杯咖啡尝起来怎么样？
- 感觉：这杯咖啡的醇厚度如何？

观察这杯咖啡

你用眼睛就可以看出，咖啡的**烘焙度**如何，使用了哪种**准备**方法。咖啡杯当然并非无关紧要。请选用内壁为白色的瓷杯，这样就不会影响咖啡的**颜色**。咖啡的颜色反映了咖啡的萃取度，也透露了一些风味信息：

- 深色 = 较为强劲和饱满，
- 浅色 = 味轻，甚至寡淡。

比如说，一杯浓缩咖啡表面的那层奶油状的油脂层，就可以表明很多信息：如果研磨度、粉量、萃取时间都正确的情况下，颜色较浅的油脂层表示制作咖啡时的水温偏低；颜色是金黄色的油脂层表示水温正合适；颜色较深的油脂层则表示水温过高，导致咖啡粉有些煳。油脂层越均衡，表示使用的咖啡粉越新鲜。除此之外，油脂层还可以让香气和风味在杯中留存得更久，所以在把咖啡端上桌之前，不要搅拌它。罗布斯塔种的油脂层比阿拉比卡种要厚。（关于咖啡的品种，请见下一章）

"咖啡鼻子"

品尝咖啡时，**香气**是最重要的标准之一。香气不仅决定着咖啡的**气味**，也与咖啡的风味密切相关。为了能描述所有的咖啡香气，人们创造了无数的词汇。在咖啡香气中，最常使用的是花卉和果实元素。我们用四个分类概念，基本囊括了大多数咖啡品种最重要的特点：**焦糖、巧克力、辛辣和燃烧物**。

口腔中的咖啡

三种风味足以用来形容一口咖啡给你的味蕾带来了怎样的感受：**苦，微酸**或**"酸质"**，以及**温和**。接下来，你可以回味咖啡的酸质和烘焙的风味。

咖啡是可以感受的

如果将一口咖啡在口腔里停留片刻，稍微漱一漱（就像品尝葡萄酒时那样），你的舌头和上颚还能感受到什么呢？那就是咖啡的**"醇厚度"**：一种对饱满程度和强劲风味的感觉或者一种对缺乏饱满程度和强劲风味的感觉。

观察这杯咖啡

较浅的油脂=
水温偏低，味道较轻，单薄

醇厚度=
对饱满程度和强劲风味的感觉

均衡的油脂层=
油脂层越均衡，使用的咖啡粉越新鲜

咖啡笔记

你想自行训练品尝咖啡的艺术吗？那就来组织一次**杯测**吧。

开始：

比如说，你可以从比较**三种不同的咖啡**开始。

–从超市里买来的最便宜的咖啡

–从超市里买来的质量稍好的咖啡

–从精品咖啡烘焙商那里直接买来的最好的咖啡

这次品尝过程只是为了**品尝各种咖啡不同的风味**。用同样的方式准备每一种咖啡，萃取得相对浓一些：满满一汤匙咖啡粉配一咖啡杯的水。

另一种品尝过程则可以是：**用不同的方式**准备同一种咖啡，这样可以发现风味的不同，也可以学习区分不同的萃取方式。请准备一把较深的勺子，或者一把真正的**杯测勺**（容量为8～10毫升的圆形勺子）。在不同的水温品尝咖啡，直到它变冷为止，因为那样的话，如果出现了负面的咖啡风味，你才最有可能品尝出来。也别忘了评判一下回味；回味是既舒适又长久，还是消失得很快？是否仍存在着"咖啡鼻子"的某个特征？

杯测流程

品尝者术语

描述咖啡的香气、风味和醇厚度时，有着准确的专业术语。

香气

- **辛辣**：类似丁香或肉桂的气味。

- **巧克力**：纯巧克力的香气。

- **焦糖**：是正常的，来自咖啡豆中天然糖分的焦糖化。

- **燃烧物**：咖啡被烘焙得过重时会出现。

此外，你还可以识别出无数的气味和风味，从各种花卉到水果、草药和坚果。你甚至可以试着在杯中的咖啡里追踪特定的某种元素：茉莉花、杏子、杏仁、蜂蜜、黄瓜……你在咖啡里，可以找到整个大自然。

风味

- **酸质或微酸**：⬆️

你会在口腔后方的软腭和舌根处，获得一种舒适的、略带刺激和干燥的感觉，一种令人愉悦的微酸风味，就像是酸甜的糖果，或者干白葡萄酒的微酸风味。酸质不同于发酸，是一种正面的风味。

- **苦**：⬆️ & ⬇️

咖啡因、奎宁和其他的一些生物碱溶解时产生的主要的风味是苦味，只要苦味不过度，就没问题。苦味取决于烘焙度，罗布斯塔种的苦味更强。

- **温和**：⬆️

蔗糖和果糖的溶解会让咖啡具有一种柔和而令人愉悦的温和感。这种温和感与"苦"的特点相反，在阿拉比卡种上表现得更为明显。

- **发酸**：⬇️

一种明显的尖锐、刺激和令人不快的味觉感受（类似于醋味）。

- **燃烧物**：⬇️

烘焙过重的咖啡烧焦的味道。

感觉

- **酸涩**：⬇️

一种令人不适的回味，口腔后部的干燥感觉非常强烈，导致唾液腺收缩并受到刺激。

- **醇厚度**：⬆️

主要在口腔后部品尝到的饱满、丰富和温暖的感觉。醇厚度较高的咖啡，通常回味悠长。如果你习惯于在咖啡里添加牛奶或奶油，不妨试着改喝醇厚度较高的拼配咖啡，并试着只喝纯咖啡，不添加任何东西。那种丰富的风味一定会让你大吃一惊！

- **芬芳**：⬆️

最难定义的概念。这是醇厚度与香气、绿色水果特有的口味特点、烘焙形成的口味特点，以及每种咖啡特有的小特色共同形成的产物。根据拼配咖啡及其成分组成的不同，你可以为咖啡的芬芳添加无数特点：温和、柔和、新鲜、辛辣、奶油、饱满、丰富……

咖啡笔记

用你最喜欢的方式享受咖啡

　　享受咖啡，就是安静放松地饮用咖啡。一把安乐椅，一段时光，萃取几小杯咖啡，使用瓷杯或者精致的陶杯饮用。有一些行家会事先用热水冲洗咖啡杯、饮用、啜吸，将咖啡在口腔中含漱……当然，用你最喜欢的方式享受咖啡，这才是最重要的，不要被"伟大的传统"或者"专业人士"束缚。还有就是品尝，首先要做的是品尝美妙的杯中咖啡，这杯咖啡才是有意义的，因为你可以据此做出自己的明智选择。

　　愿你能充分享受品尝咖啡的乐趣！

风味轮

风味轮可以帮助你识别咖啡风味和香气的方方面面，它是以美国精品咖啡协会（SCAA，Specialty Coffee Association of America）的风味轮为基础制作的。

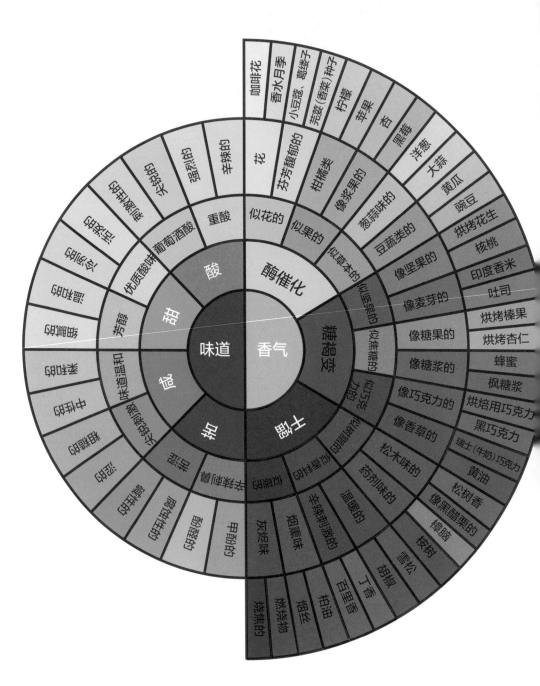

咖啡豆的
等级
和地位

PART 02

咖啡豆的等级 和地位

世界上约有60种咖啡树。不过对于我们这些享用咖啡的人来说，分清楚两种主要的咖啡就足够了。这两种咖啡完全决定了各种拼配咖啡的风味和质量。

阿拉比卡咖啡和罗布斯塔咖啡 （学名：中果咖啡）

生豆

阿拉比卡种　　罗布斯塔种

阿拉比卡种	罗布斯塔种
咖啡因含量：0.9% ~ 1.4%	咖啡因含量：1.8% ~ 4.0%

阿拉比卡种

"阿拉比卡"这个词派生自"阿拉伯语"。毕竟这种咖啡的原产地在埃塞俄比亚，而且最初咖啡仅由阿拉伯人交易。阿拉比卡种是一流的咖啡。这种植物在种植时需要精心的呵护，它对肥料、土壤或气候的任何细微变化都非常敏感。好的阿拉比卡咖啡，生长在中南美洲、肯尼亚和坦桑尼亚山区的高海拔地区，一般都是在小型种植园里。阿拉比卡咖啡树生长的海拔越高，咖啡豆里咖啡因的含量就越低。种植在高海拔地区的阿拉比卡咖啡，同时具有美味的品质和美妙的香气。

特征：

生豆是扁平的，呈狭长的椭圆形。烘焙后的咖啡豆，也就是我们平常能看到的，从来都不是纯黑的：它呈典型的哑光浅棕色，很容易识别。

罗布斯塔种

罗布斯塔种和阿拉比卡种相比，就像是本地普通葡萄酒对纯正的勃艮第葡萄酒。在无法种植对生长环境要求很高的阿拉比卡种的地区——主要是非洲和亚洲的一些国家——就会种植罗布斯塔种。这种植物更健壮，对各种咖啡病的耐受性更好，对土壤和生长环境也没那么挑剔。它也正是由此而得名[注]。

特征：

生豆相对比较圆和短，**咖啡因含量**是阿拉比卡咖啡的 2 ~ 3 倍。烘焙后颜色较深。罗布斯塔种一般来说比较便宜，主要用于制作速溶咖啡、浓缩咖啡和廉价的拼配咖啡。

致力提供真正的优质咖啡的精品咖啡品牌，生产的各种咖啡里会尽可能少用罗布斯塔种，甚至完全不用它。一般来说，罗布斯塔种只让拼配咖啡的价格更低，咖啡因含量更高，而且口味更苦。

质量的确定从很早便开始了……

未经烘焙的阿拉比卡咖啡豆，要么是偏蓝色的，要么是绿色的，这取决于去除果肉取出生豆的方式。咖啡豆生长在**灌木**的浆果里。一颗浆果里一般有两粒咖啡豆。和樱桃一样，咖啡樱桃（浆果）也是在灌木枝头从绿变红。变红就意味着果实成熟了，可以被采摘了。

罗布斯塔种

~强烈的类似于谷物的风味

~生长在海拔800米以下的地区

~咖啡因含量是阿拉比卡种的2~3倍

~占世界咖啡总产量的近20%

阿拉比卡种

~宜人的果味和柔和的风味

~生长在海拔600~2 000米的地区

~咖啡因含量是罗布斯塔种的50%左右

~约占世界咖啡总产量的70%

阿拉比卡咖啡绝对是首选！

[注] 罗布斯塔种（Robusta）的名字来源于英语robust，即"强壮的"意思。

咖啡是纯粹的自然产物

咖啡如何生长?

　　咖啡豆是长在咖啡樱桃里的,两两成对,就像一对双胞胎。咖啡树要生长 3 ~ 5 年,才能第一次结出果实。每株咖啡树上最多能收获 2.5 千克的咖啡樱桃,这些咖啡樱桃只够做出不到 0.5 千克的经过烘焙的咖啡豆,也就勉强够做 40 ~ 60 杯咖啡吧。想想看,你得种多少咖啡树,才能满足全世界几亿喝咖啡的人?而且咖啡树是一种很敏感的植物,只有在特定的地区才能蓬勃生长,种植它需要大量的人力和精心的照顾。世界上大约有 2 500 万人从事着咖啡行业,负责把咖啡从植物变成你杯中美味的饮品。咖啡是世界上重要的贸易商品。

咖啡在哪里生长？

北回归线

赤道

南回归线

⬤ 罗布斯塔种　⬤ 阿拉比卡种　⬤ 罗布斯塔种+阿拉比卡种

所有的咖啡生产国都位于两条回归线之间，围绕着赤道，也就是在**北回归线**和**南回归线**之间。这片区域便是中南美洲、亚洲和非洲的热带地区，有着充足的阳光和降水。毕竟咖啡喜欢一种特殊的气候：气温适宜，20～25℃，而且没有过于灿烂的阳光。所以人们常常会在咖啡树中间种上叶片很大的植物，让它们给咖啡树提供荫蔽。还有些有机种植园，会把咖啡树直接种在人工照管的雨林树木之间。咖啡树对突然的温度变化非常敏感，每年需要 1.5～2 米的降水。

咖啡是大自然的产物。种植园的位置、种植的海拔高度、天气、照顾是否精心……所有这一切都会影响咖啡豆的风味。

来源地影响风味

咖啡种植的海拔高度，影响着咖啡的品质和风味。如果种植园位于海拔 1 800 米以上的山区，我们会把这里生产的咖啡称为**高植咖啡**。在这种海拔位置，几乎只能种植阿拉比卡咖啡。低于此海拔的咖啡被称为**低植咖啡**。这些主要是罗布斯塔种，不过也有质量较差的阿拉比卡种。

高植咖啡品种风味柔和，香气浓郁，咖啡因含量较低：0.9%～1.4%。比较一下：茶含有 1% ~ 4% 的茶碱，也就是咖啡因，可乐果则含有 2% ~ 3% 的咖啡因。

低植咖啡的风味相对比较尖锐，有时候甚至是苦涩的，咖啡因含量最高可达 4%。

咖啡笔记

咖啡的故事起初
就像个童话

　　大约1500年前，在埃塞俄比亚有一位叫卡尔迪的牧羊人。他不止一次发现，他的山羊在吃了附近某种灌木的浆果后，夜里就会兴奋地跑来跑去。卡尔迪以为是超自然的力量所致，他吓坏了，就把这种浆果带给附近的穆夫提或者修道院主持，请求他们的帮助。修道院主持听了卡尔迪的故事后，马上就想到，自己的修士们需要长时间做祷告，而让他们保持清醒有多么困难。于是他开始捣鼓这些浆果，把它们煮熟，烘烤其中的种子，做成饮料再试喝……漫长的祷告会上，再也没人打瞌睡了，修士们充满了力量，而咖啡的荣耀之路也就此展开。

产地和风味

PART 03

产地和
风味

　　世界上有这么多种植咖啡的国家，有这么多咖啡风味。我在这里只想说说那些值得你记住的咖啡生产国，它们都具有重要的历史或经济地位，或者更重要的是，因为它们生产最棒的咖啡。我会按照风味类别对它们进行分类，这样你就可以更方便地找到你最爱的风味产地。

产地	香气	风味
埃塞俄比亚	 草莓、花、柑橘	🫘🫘 温和、饱满和酸
肯尼亚	 红色水果、柑橘	🫘🫘🫘 美妙的醇厚度和酸
哥伦比亚	 花、红色水果、丁香、烘烤后的坚果、焦糖	🫘🫘🫘 饱满的醇厚度和轻微的酸
危地马拉	 巧克力、香草、水果、蜂蜜	🫘🫘 轻柔和精致的酸质
巴西	 坚果、巧克力、焦糖	🫘🫘 温和和少量的酸
秘鲁	 花、柑橘、焦糖	🫘 温和、甜和少量的酸
墨西哥	 巧克力、坚果、香草	🫘🫘 温和、香气馥郁和精致的酸质
牙买加	 烟草、蔗糖	🫘🫘 温和和香气馥郁
尼加拉瓜	 坚果、香草、甜瓜	🫘🫘 温和和中度的酸
洪都拉斯	 巧克力、坚果、蔗糖	🫘🫘🫘 饱满的醇厚度和轻微的酸
印度尼西亚	 水果、烟草	🫘🫘 清爽到饱满的醇厚度，少量的酸
越南	 坚果、香料	🫘🫘🫘🫘 苦和尖锐的

果味和饱满的风味

埃塞俄比亚——咖啡的摇篮

　　我提埃塞俄比亚，是因为它是咖啡的摇篮，而不是因为这里出产最好的咖啡。这里的咖啡水果风味很明显，不一定符合每个人的口味。传说中正是在埃塞俄比亚，牧羊人卡尔迪发现他的山羊在吃了咖啡樱桃后变得十分疯狂。和其他几乎所有的咖啡生产国不同，这里的咖啡并不是由殖民者引入的。在这个国家的西南高山里种植的，是最初的野生植物的后代。咖啡树也不是生长在大型种植园里，而多半是在林间的花园和小型果园里。咖啡是埃塞俄比亚最重要的出口商品，大约70万名小农种植了这个国家98%的咖啡。因为都是小农，所以他们很少或者根本不使用化肥，咖啡的生长环境也很好：有充足的荫蔽，周围有其他作物，这些都避免了许多疾病的产生。尽管没有获得有机认证，但这种种植方式就是有机的。咖啡樱桃采摘下来后，人们会通过两种方式取出咖啡豆：干处理法和湿处理法（关于这部分请参阅 Part 04）。这两种处理方式会造就大相径庭的咖啡风味。在比利时，精品咖啡行业协会会以原产地咖啡的名目售卖埃塞俄比亚咖啡。

特点

- 作为生产者的重要性：世界排名第5
- 相关咖啡产地：耶加雪菲和哈勒尔
- 咖啡豆的处理方式：干处理法和湿处理法
- 可以品尝到的风味：
  - 水洗咖啡：轻柔、饱满，花香和柑橘香（产自耶加雪菲的水洗咖啡的这种香气翻倍）。
  - 干处理咖啡：清爽、微妙而复杂的香气，带有淡淡的异域水果和草莓味。

肯尼亚——观兽旅行和野生动物园之国

在肯尼亚，阿拉比卡咖啡树被种植在肥沃的火山灰土壤里，位于海拔1400～2000米的高山地区。这里的气温从不会高于欧洲夏季的平均气温，也从不会低于欧洲最温暖的春季气温。全年降水量适中，渗透性良好的土壤造就了独特的温床。肯尼亚山和首都内罗毕附近的山坡上，咖啡树生长茂盛。这些山坡很宽大，坡度很缓，山脚下的山谷一般都有河流经过。咖啡树在这里每年会开花两次，所以一年可以收获两次。肯尼亚的咖啡产量是每年大约100万袋，仅占世界咖啡总产量的1%。小型咖啡种植园的种植越来越多，这些种植园遵循其国家咖啡研究所的严格协议，以保证其所种植的阿拉比卡咖啡的质量尽可能高。农民在采摘咖啡樱桃时是带有选择性的：只采摘成熟的咖啡樱桃。之后人们还会对采摘的果实做进一步分类，去除未成熟或者质量较差的咖啡樱桃。几乎所有的肯尼亚咖啡都采用的是水洗处理法，从而形成了典型的"蓝色"和精致的酸味（更多细节请参阅 Part 04）。水洗后的咖啡豆在被打包装船前，还需要经过筛选机的筛选，按照大小分类。标 AA 的是顶级的咖啡豆，主要销往精品咖啡行业。肯尼亚咖啡的风味带有鲜明的风土特色。

特点

- 作为生产者的重要性：世界排名第14
- 相关咖啡产地：与乌干达交界的高山地区，以及肯尼亚山和首都内罗毕附近的肯尼亚中部的高山地区，尽管后者由于城市的扩张已经越来越小
- 咖啡豆的处理方式：湿处理法
- 可以品尝到的风味：
  - 美妙的醇厚度，以及偶尔会出现的柑橘香，或者细微的红色水果香气。特殊的酸化或酸质，意味着这些精致的酸质让咖啡与众不同。

哥伦比亚——胡安·帝滋
（Juan Valdez）咖啡的故乡

科迪勒拉山系的三条山脉从北向南穿过哥伦比亚，该国的咖啡种植区正位于此处。大约有50万户咖啡农家庭坐落在山坡上，生产着世界上最精致的咖啡。山区其实决定了种植的方式。种植园的海拔很高，加上山坡上面积不大，所以种植园的规模都很小，采取的是家庭经营，种植和收获也主要都是靠手工进行。这里只种植阿拉比卡种，因为水资源丰富，所以咖啡豆用的是湿处理法。这一切赋予了哥伦比亚咖啡轻微的精致酸味，让它成为拼配咖啡里非常珍贵的组成部分。1958年，哥伦比亚国家咖啡生产者协会为了在海外推广本国咖啡，发布了一个标志：胡安·帝滋（Juan Valdez）和名叫肯奇塔（Conchita）的小骡子。这个标志成为广受欢迎的品质标签，让哥伦比亚咖啡世界闻名。

特点

- 作为生产者的重要性：世界排名第3
- 相关咖啡产地：中科迪勒拉山脉，麦德林市、亚美尼亚城和马尼萨莱斯市附近的地区；东科迪勒拉山脉，首都波哥大和布卡拉曼加市附近的地区
- 咖啡豆的处理方式：湿处理法
- 可以品尝到的风味：

• 饱满的醇厚度，柔和而令人愉悦的酸，香气取决于生长的地区和种植园，包括：茉莉、玫瑰和橙花等花香；红色水果、无花果、芒果、梨、丁香、烤杏仁和焦糖，以及偶尔会出现的柑橘香。

Café de Colombia
哥伦比亚咖啡

危地马拉——湖泊和玛雅人之国

危地马拉过去生产了 350 万袋水洗阿拉比卡咖啡，有一半是由印第安小农在山区种植的，他们每户每次收获季只能生产 40 袋咖啡豆；另一半则是由富裕的拉迪诺人的大型庄园提供的。通过补贴，小农们得以降低成本，守住他们宝贵的老咖啡树。他们生产的咖啡质量极好，但产量较低。安提瓜危地马拉以出产这个国家最好的咖啡而闻名，这里是过去的首都，由殖民者建立，但在一次地震中几乎被摧毁了。科班是一座北方的高原城市，这里也出产着同样精致和具有饱满醇厚度的咖啡。两者皆为阿拉比卡咖啡，销往欧洲已有好几代人的历史，以优秀的酸质和独特的风味著称。危地马拉咖啡是以咖啡树生长的海拔高度区分质量的：越高越好。它们共同的特点是风味饱满，有时是浓郁和丰富的。危地马拉南部的火山区域种植着众多有机咖啡，这些咖啡具有浓郁的风味，以及浆果和酸橙的调性。

特点

- 作为生产者的重要性：世界排名第10
- 相关咖啡产地：老首都安提瓜、科班和韦韦特南戈附近的地区
- 咖啡豆的处理方式：湿处理法
- 可以品尝到的风味：

    • 危地马拉咖啡的质量是顶级的，依据产地有所不同。它们的风味都很均衡，带有宜人的酸质和复杂的特点。安提瓜咖啡和科班咖啡是浓郁的，有一点烟熏味，不过是让人喜爱的那种。韦韦特南戈的小型山地种植园里出产的咖啡具有独特的风味，带有精致的甜味。所有的咖啡都带有巧克力、香草、桃子、樱桃和柠檬的调性。

纯粹和饱满的风味

巴西——狂欢节和桑巴之国

巴西不仅是世界上产量最高的咖啡生产国，而且生产的咖啡也是最多样的。你在这里几乎能找到所有的咖啡：从密集耕作、面向大众生产的世界上最便宜的咖啡，到仅供最独特的浓缩咖啡吧使用的、最精致的原产地咖啡。阿拉比卡咖啡占其产量的绝大多数，但在低纬度地区也种有罗布斯塔种。在巴西，人们处理咖啡豆时，不仅使用两种传统的方式，即干处理法和湿处理法，还会使用另外两种方式：巴西去皮留黏质层处理法（PN法）和半水洗法（参阅 Part 04）。即使是在同一家种植园里，同时使用这四种处理方式的也很常见。这里共有约 30 万座咖啡种植园，从小型的、有机的，运用生物动力种植的咖啡农，到工业化生产的大型现代种植园，应有尽有。

巴西咖啡并不是高植咖啡。这里的咖啡生长在海拔 600 ~ 1 200 米的地区，比最精致的中美洲、哥伦比亚或东非咖啡的生长高度要低大约 800 米。这让巴西咖啡的酸质较低，风味轻柔、中性。所以巴西咖啡几乎是每一种拼配咖啡的基础。

由于地理位置较低也较为平坦，这里的种植园通常很宽敞，面积也大，农民可以以非常独特的方式采摘咖啡：用大型机器沿着咖啡树逐枝采摘，把所有的果实，无论成熟与否，全部都剥下来，之后再对混在一起的果实进行筛选和分类。筛选得越仔细，咖啡的质量越高。

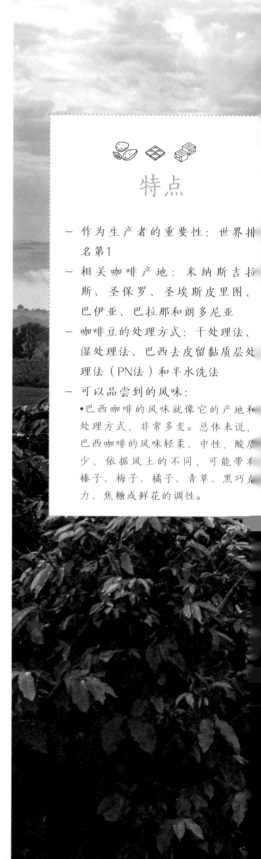

特点

- 作为生产者的重要性：世界排名第1
- 相关咖啡产地：米纳斯吉拉斯、圣保罗、圣埃斯皮里图、巴伊亚、巴拉那和朗多尼亚
- 咖啡豆的处理方式：干处理法、湿处理法、巴西去皮留黏质层处理法（PN法）和半水洗法
- 可以品尝到的风味：
  • 巴西咖啡的风味就像它的产地和处理方式，非常多变。总体来说，巴西咖啡的风味轻柔、中性，酸质少，依据风土的不同，可能带有榛子、梅子、橘子、青草、黑巧克力、焦糖或鲜花的调性。

柔和以及较轻的醇厚度

秘鲁——印加人之国

　　近几十年来，秘鲁成长为重要的咖啡生产国，将进入世界咖啡生产国的前十行列。咖啡——全部是阿拉比卡种——是这个国家最主要的作物之一，安第斯山上的小型种植园里，大量家庭以此为生。由于资源匮乏，他们必须尽可能以自然的方式种植。政府和许多合作方支持对咖啡品质进行全面的保障，并对咖啡农进行培训。因此，秘鲁成为世界上第一个具有公平贸易认证的咖啡生产国，并且是推行咖啡有机认证的领导者。秘鲁咖啡风味非常柔和，但又十分丰富，特别适合用来制作拼配咖啡。

特点

- 作为生产者的重要性：世界排名第10
- 相关咖啡产地：的的喀喀湖畔的普诺、库斯科、乌鲁班巴山谷和婵茶玛悠山谷，以及北部有机咖啡生产力较强的省份皮乌拉、圣马丁、卡哈马卡和拉姆巴耶克
- 咖啡豆的处理方式：湿处理法
- 可以品尝到的风味：
  - 风味是宜人的柔和，带有甜味，带有花香和柑橘调性，有时带有核果、草药或者奶油焦糖的调性。

墨西哥——龙舌兰&墨西哥街头乐队之国，以及精致、轻柔的水洗阿拉比卡咖啡之国

咖啡主要是种植在墨西哥南部，也就是（北美洲）大陆变窄并向东弯曲的地方。在恰帕斯州的山坡上，以及韦拉克鲁斯港口附近，你会发现中型的种植园正在不断努力，力争成为世界上质量最好的咖啡生产地。如果获得了阿尔图拉（Altara）等级，就已跻身世界最佳的行列。咖啡农们从事这个行业越久，就越重视特殊的咖啡，包括公平贸易咖啡和有机种植园咖啡。

好的墨西哥咖啡醇厚度不怎么高，但可以与优质的白葡萄酒相比：细腻的香气、些许干爽而精致的酸度，是制作带有些微清新感觉的拼配咖啡的良品。

特点

— 作为生产者的重要性：世界排名第11
— 相关咖啡产地：韦拉克鲁斯附近的科特佩和瓦图斯科，瓦哈卡州普罗门和恰帕斯州
— 咖啡豆的处理方式：湿处理法
— 可以品尝到的风味：

• 轻盈、柔和，但风味十足，香气四溢，带有巧克力、坚果和香草的调性，有时还有苹果或者姜饼香料的风味。

咖啡有一种品种叫作马拉戈日皮种（maragogype），主要产自墨西哥、危地马拉和尼加拉瓜：豆子很大，香气浓郁。但这种咖啡种植时需要极为精心的照顾，且衰老的植株更新换代得越来越慢。因此，马拉戈日皮种越来越少见。很遗憾，因为这种咖啡风味极佳。

 马拉戈日皮种生豆

 烘焙后的马拉戈日皮种咖啡豆

牙买加——朗姆酒与雷鬼之国

牙买加的咖啡，生长在贯穿该岛东西的山脉——蓝山的山坡上。海拔超过2 000米，让这里的山坡成为世界上最贵的咖啡（仅限于产自华伦多夫庄园的咖啡）的温床。每年这家种植园会生产大约800木桶——不是麻袋——的独家"牙买加蓝山咖啡"，主要运往日本和美国。这种虚荣的代价是价格惊人。我得承认，这个地方出产的正宗水洗阿拉比卡咖啡，采摘和烘焙都十分精心，风味非常轻柔和芳醇。但是，世界上还是有很多别的咖啡产地，出产的咖啡不仅风味和香气更多样，价格也友好许多。为了增加更多的精英色彩，围绕着那些出产自同一山区、但并非华伦多夫庄园所产的咖啡是否有资格使用"蓝山咖啡"这一名称的争议始终不断。除此之外，

牙买加国内的其他地区也生产了无数的咖啡，约占该国总产量的75%，却只能用来制作便宜的拼配咖啡。所以，购买牙买加咖啡时请务必小心，即使是从专门的咖啡店里购买时也一样。橱窗里的蓝山咖啡木桶也算不上什么质量保障……

特点

- 作为生产者的重要性：世界排名第44
- 相关咖啡产地：蓝山（首都金斯敦）
- 咖啡豆的处理方式：湿处理法
- 可以品尝到的风味：
  •正宗的蓝山咖啡非常轻柔和芳醇，甚至带有烟草和蔗糖的调性。

尼加拉瓜——火山、岛屿和海滩之国

这个国家几十年来一直受到政治随意性、金融问题和自然灾害的困扰，所以在咖啡供应方面稳定性欠佳。最近20年，尼加拉瓜局势稳定了许多，咖啡是该国最重要的出口商品，也是这个贫穷的国家不可忽视的收入来源。尼加拉瓜最著名的咖啡来自希诺特加、马塔加尔帕和新塞哥维亚。咖啡种植者和协作方越来越重视精细的种植，希望他们的咖啡不再淹没在各种种植园良莠不齐的产物之间，而是凭借良好的品质踏入精品咖啡或者庄园咖啡的行列。和大多数中美洲阿拉比卡种一样，这里的咖啡芳香，复杂，带有坚果和香草的香气，酸度中等，醇厚度也中等。大多数尼加拉瓜咖啡树生长在荫蔽充足的种植园里。

特点

- 作为生产者的重要性：世界排名第12
- 相关咖啡产地：希诺特加、马塔加尔帕和新塞哥维亚
- 咖啡豆的处理方式：湿处理法
- 可以品尝到的风味：
  - 芳香，复杂，带有坚果、甜瓜和香草的香气，有时甚至有巧克力的香气，酸度中等，醇厚度中等。

洪都拉斯——自然公园与白色沙滩之国

这个国家的部分地区曾受贫穷、动荡和自然暴力之苦，不过在最近 20 多年里，咖啡产业在该国获得了巨大的成功。这首先应当归功于该国大约 10 万名咖啡农，他们努力为洪都拉斯咖啡在国际市场上赢得了高品质的美名，这也多亏了国家咖啡研究所（洪都拉斯咖啡研究所，IHCAFE）的积极帮助。洪都拉斯咖啡大多数为水洗阿拉比卡种，特点依产地不同而有所区别。和大多数中美洲国家一样，洪都拉斯在咖啡交易时也以海拔高度作为卖点。洪都拉斯将国内的咖啡产区，依据栽培条件分为六个。每个产区都专门研究具有特点的咖啡，在交易时已发现了洪都拉斯咖啡的附加值。精品咖啡和认证有机咖啡的生产每年都在增加。总体而言，洪都拉斯咖啡的风味纯粹而饱满，具有优质酸味，轻柔而温和。

它一般并不刺激，所以是拼配咖啡良好的基础。不过这里也有很好的种植园咖啡，风味极为复杂，带有果味。

特点

- 作为生产者的重要性：世界排名第 6
- 相关咖啡产地：首都特古西加尔巴以北，六大产区遍布全国
- 咖啡豆的处理方式：依据地区的湿度不同，分别采取湿处理法和混合处理法
- 可以品尝到的风味：

  •复杂，几乎都有巧克力和坚果的调性，有时还有许多水果的调性：芒果、桃子、番石榴、葡萄，偶尔带有花香和蔗糖的甜味。依据产地不同，醇厚度从一般到饱满不等。

印度尼西亚——千岛和友善人民之国

印度尼西亚群岛横跨 3 个时区，跨度长达 5 000 多千米，约有 17 508 个岛屿。很久以前，爪哇岛的咖啡产量超过了世界上任何一个国家。荷兰人在咖啡历史早期便把第一批阿拉比卡咖啡树栽种在了爪哇岛上。所以在 18 世纪时，东印度公司的木帆船把咖啡运往世界的每个角落，也不是什么令人惊讶的事情。这些船只每次的航行平均要耗时 4 ~ 5 个月，在此期间，船上的咖啡开始发酵，形成了特有的风味。伴随帆船船运的消失，这种特有的爪哇风味也消失了。但此时在欧洲和美国，"咖啡"已成为"爪哇"的代名词。盎格鲁撒克逊人所说的"一杯爪哇"（a cup of Java）也来源于此。

1878 年，一场咖啡瘟疫（咖啡锈病）席卷了这里的种植园，整个咖啡种植业几乎被摧毁殆尽，后来人们慢慢将以前的阿拉比卡咖啡树替换为更加强壮的罗布斯塔咖啡树。在此期间，阿拉比卡种的数量有少量增长，此外该国法律也禁止将爪哇岛的罗布斯塔咖啡称之为"爪哇咖啡"。当然，其他岛屿，诸如苏门答腊岛、苏拉威西岛、巴厘岛或弗洛勒斯岛所产的阿拉比卡咖啡，有时也会被以"爪哇咖啡"的名义出售，而这是自古就被默许的。然而这么多岛屿所出产的阿拉比卡咖啡之间还是存在着不小的区别。总体而言，印度尼西亚咖啡的口感丰富而饱满，酸质少，回味悠长。优质的爪哇咖啡有着丰满而灵动的醇厚度，有时带点烟熏和辛辣的调性，比苏门答腊岛等其他岛屿所产的咖啡果味更浓。有时人们会对爪哇岛、苏拉威西岛或苏门答腊岛的咖啡进行人工熟化，以模仿以前船运时的成熟过程。这种咖啡被称为"老政府""老布朗"或者"老爪哇"。它们的风味更为柔和，天鹅绒般的感觉更为明显，有时会让人联想起利口酒。此外，该国还生产麝香猫咖啡，一种广受欢迎的猎奇特产咖啡（后文的"咖啡笔记"环节，我会进一步介绍这种咖啡）。

特点

- 作为生产者的重要性：世界排名第 4，主要出口罗布斯塔种
- 相关咖啡产地：苏门答腊岛、爪哇岛、苏拉威西岛、巴厘岛和弗洛勒斯岛
- 咖啡豆的处理方式：干处理法、湿处理法和半水洗处理法
- 可以品尝到的风味：
  - 从占印度尼西亚咖啡产量大部分的罗布斯塔种里，我们无法品尝出什么风味。和绝大多数罗布斯塔种一样，这里的罗布斯塔种的风味也是强烈而苦涩的。阿拉比卡种在每个岛屿所产皆有不同，其共同特点是：偶尔有果味，辛辣，醇厚度深浅不一，酸味少，有时带有青草或泥土的调性，以及少量的烟草调性。不加配料饮用，很难有宜人的口感。

这种麝香猫搜寻成熟的咖啡樱桃，
吞食味道好的果实

咖啡笔记

麝香猫咖啡或者猫屎咖啡

在东南亚，特别是在印度尼西亚、菲律宾和越南，生活着一种野生的猫科动物（在印度尼西亚叫Luwak，在越南叫Chon）。它们似乎是真正的咖啡行家。麝香猫的鼻子很尖，可以搜寻成熟的咖啡樱桃，再把味道好的果实吃掉。它们没办法消化咖啡樱桃里的种子，也就是咖啡豆，但肠道里的酶会使咖啡豆发酵并分解其中的蛋白质。这些咖啡豆完好无损地被麝香猫排泄出来，再被本地人"收获"，清洗过后再日晒晾干，就可以打包运给众多的拥趸了。

在西方国家，新潮的咖啡店确实会把麝香猫咖啡作为独特的精品咖啡卖给消费者。这种咖啡的风味是很丰富的，有轻微的烟熏味，带有巧克力的调性，味道鲜明，但又不像这个地区出产的普通咖啡那么苦。但这种咖啡也价值不菲：在纽约的咖啡店，一杯麝香猫咖啡差不多要卖30美元。由于价格高昂，越来越多的当地咖啡农试图从中分一杯羹。但他们早已不再深入雨林，以自然的方式获得这种咖啡豆。现在都是人工养殖麝香猫，收集咖啡豆后再以系统的方式晾干。

当然，也有很多麝香猫咖啡是人工调味和发酵过的，以求尽可能模仿那种经典的风味。

此外还有一种咖啡叫黑象牙咖啡。在制作这种咖啡时，吞食咖啡樱桃的是泰国北部的大象。大象吃下咖啡樱桃15个小时后，会排泄出发酵的阿拉比卡咖啡豆，接着这些咖啡豆会按照制作麝香猫咖啡的收获和晾晒方式加工。这种咖啡非常罕见，当然了，在某些特定的豪华酒店，花上50美元，你也能品尝上一杯！

麝香猫咖啡、猫屎咖啡或者黑象牙咖啡，卖得更多的是民间传统和虚荣。其实你完全可以少花很多钱，就能喝上比这些好喝得多的咖啡。

苦和廉价

越南——一望无垠的稻田之国，以及无限咖啡种植园之国

20世纪末，越南政府开始鼓励私企的发展。当时还很弱小的咖啡种植业迅速开始腾飞：在不到5年的时间里，咖啡产量实现翻番，现在越南已是世界排名第2的咖啡生产国，每年大约生产2 700万袋咖啡。该国主要种植罗布斯塔种，用于生产世界上的速溶咖啡和廉价的拼配咖啡。越南的咖啡树主要生长在该国中部的高原上，海拔不高于700米（因此几乎只能种植罗布斯塔咖啡树）。越南的咖啡产量一直在增长，越南人自己也很喜欢喝咖啡，还喜欢往里添加炼乳或者酸奶。聪明的咖啡农已经在试图给他们的产品增加更多附加价值。低廉的价格往往回旋余地很小，所以有些种植园已经开始饲养麝香猫，意欲大规模地生产越南版麝香猫咖啡：猫屎咖啡。

特点

— 作为生产者的重要性：世界排名第2，主要出口罗布斯塔种

— 相关咖啡产地：主要在中部高原，咖啡产区延伸至中部的海滨地区和越南东南部

— 咖啡豆的处理方式：蜜处理法，目的是让咖啡的风味更柔和

— 可以品尝到的风味：
  • 罗布斯塔咖啡典型的苦涩风味是无可避免的，但仍有一些种植者试图让这种风味变得精致一些。他们把这种咖啡尖锐的、像水果的和黑暗的，带有坚果和香料调性的风味称之为神秘的，试图把它塑造为这种咖啡的加分点。在浓缩咖啡中，这种罗布斯塔种可以增强香气和口感，刺激的主要是饮用者的舌背。把它作为单品咖啡饮用，你最好小心些，不过拥趸会把品尝这种咖啡与品尝单一麦芽威士忌相提并论……

单品咖啡（单一产地咖啡）还是拼配咖啡？

"原产地咖啡"或者单品咖啡（单一产地咖啡），这个名称的字面意思，就是指这种咖啡产自某一特定咖啡产地的某一家特定的咖啡种植园。如今有的咖啡师和咖啡店使用这个名称时，常常比较随意，甚至会用"单一产地拼配咖啡"这种名称，来称呼他们所提供的用产自同一个国家的咖啡所制作的拼配咖啡。单一产地咖啡最让人兴奋的点在于，这种咖啡的独特之处可能会给你带来惊喜。你可以识别出这种咖啡的风味、处理方式和独有的特征。但缺点在于，饮用单一产地咖啡时，很少能刺激到你舌头和口腔内部的全部味蕾，所以你会觉得它风味不够复杂。

当各种咖啡混合，你舌头的每个部位都能获得味觉体验，口感也饱满，这才是一杯真正美味和完整的咖啡。这种咖啡被称为拼配咖啡。拼配咖啡这个工作最好交给咖啡烘焙师来做，因为他们有咖啡栽培、咖啡种植和咖啡风味方面的经验。他们清楚哪些产地的咖啡适合放在一起，了解各种咖啡的特

点，也知道该怎么做出一杯美味的咖啡。均衡的拼配咖啡喝起来，比组成这种拼配咖啡的每一种咖啡单喝起来都要好。**因为混合是专家的工作。**一位咖啡专家会依据以下原则来制作拼配咖啡：

一种基础咖啡：一种轻柔的、日晒晾干的咖啡，风味较为中性，你会主要在口腔的前部品尝到它的风味。比如来自巴西桑托斯的优质咖啡。

一种风味"改良剂"：完美弥补基础咖啡的不足，让咖啡的风味得以遍布你舌头的整个表面。咖啡的风味也因此更为完整。这种咖啡主要来自哥伦比亚、哥斯达黎加、危地马拉、墨西哥、洪都拉斯和尼加拉瓜。

一种"调香"咖啡：为拼配咖啡增加香气。为此咖啡师多半会使用本身香气强烈的咖啡，例如肯尼亚咖啡、爪哇咖啡、埃塞俄比亚摩卡咖啡和马拉戈日皮咖啡（美丽的大咖啡豆）。

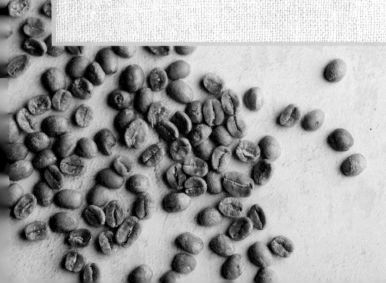

—Part 04—

从咖啡树
到
杯中的咖啡

PART 04

从咖啡树
到杯中的咖啡

我们平时看到的咖啡，其实是一种浆果的种子。也就是说，咖啡是一种水果。咖啡树的枝头在开花的季节，会开出精致的白色花朵，很像茉莉花。这些花的香味也很宜人，花期往往不超过一天。花朵凋零后长出咖啡果，成熟后的果实就是咖啡樱桃。咖啡樱桃不仅长得像樱桃，而且从绿变红的成熟过程也和樱桃一样。每颗咖啡樱桃里有两粒对生的种子，每一粒种子都有一面是平的，这些种子就是咖啡豆。有些咖啡樱桃里只有一粒种子，这粒种子会比普通的咖啡豆圆得多，这种豆子被称为独豆或圆豆。

阿拉比卡种来自埃塞俄比亚的雨林，在那里，阿拉比卡咖啡树生长在其他高大的树木之下。所以，毋庸置疑，如今咖啡树这种灌木依然会在类似的条件下长得最好：在其他树木的荫蔽之下，肥沃、潮湿、渗透性良好的土壤，没有霜冻也没有极端炎热的地区。降水太多，咖啡树会因长得太快而被耗干；降水太少，开花就少，结果也少。咖啡树需要阳光照射，但不能太多，一天两小时就足够了，而且最好还隔着一层荫蔽。阿拉比卡咖啡树最好种在山区的火山土壤里，因为这种土壤较好的排水性可以减少咖啡樱桃和咖啡豆里的含水量，让咖啡的风味更加浓郁。回想一下，少雨地区的咖啡樱桃，是不是和多雨地区的咖啡樱桃，或者某个特别炎热的夏季所产的咖啡樱桃味道不一样。由于生长海拔高，咖啡樱桃成熟得比较慢，在生长过程中产生了复杂的糖分。与此同时，咖啡樱桃里的种子也逐渐变成香气更加馥郁、风味更加丰富的咖啡豆。

从这里，慢咖啡的故事
已经开始了！

越高，越美味

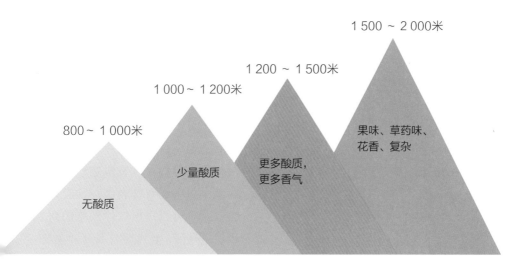

1 500 ～ 2 000米

1 200 ～ 1 500米

1 000～ 1 200米

800～ 1 000米

果味、草药味、
花香、复杂

更多酸质，
更多香气

少量酸质

无酸质

自然栽培

种植优质咖啡的咖啡农，会为咖啡树创造尽可能**自然的生长环境**。他们的种植园荫蔽充足，会利用自然的雨林，或者在咖啡树中间种上其他有大叶片的植物，这样不但可以为咖啡树提供荫蔽，而且有利于生物多样性和对鸟类种群的保护。自然的生长环境让咖啡农可以少用农药，甚至不用农药，因农药是很多贫困地区的咖啡农根本负担不起的。锦上添花的是，自然栽培的咖啡味道反而更好了。这类咖啡产地虽然大多没有获得认证（有机、公平贸易、树荫栽种、鸟类友好……），不过咖啡行业或者咖啡烘焙坊里真正的专业人士经验丰富，和

咖啡供应商往往有长期的合作关系，完全可以知道哪些农民是真的在竭尽全力提供优质的咖啡。那么，最终出现在你杯里的咖啡的品质，也就毋庸赘言了。

有机栽培

咖啡的**有机栽培**和自然栽培类似：不使用化肥，不使用农药。合理规划的种植区的土壤表面，覆盖着切碎的木头和稻草，除草则是靠人力用大砍刀完成。咖啡樱桃经挑选后手工采摘，再进行日晒和精细加工。咖啡果壳（果肉）先进行堆肥，再混入咖啡果皮（羊皮层）。这些堆肥与自家封闭农场的牲畜所产生的有机肥料一起，被用作

咖啡园的肥料。**我们是如何确定这一点呢?** 并不是说,以自然的方式生产食物,就一定能使用"有机"这个称号,毕竟这个称号是受到法律保护的。如果你想在欧洲市场上以"有机"称号出售食品,你就必须严格遵守所有的法律规定,并注册接受强制的检查。这种强制的检查涉及市场上的每个环节,包括农民、加工者、分销者和销售者的环节。与此同时,因为事关欧洲的市场,所以整个欧盟内部都适用同样的规则。

通过这个**欧洲有机标签**,识别有机产品

除了欧洲有机标签,还有这种私人标签,比如这个**有机保障**标签。这类标签一般由行业的先锋使用,目的在于让有机行业可持续发展。

在咖啡生产国,受欧洲市场承认的国际或中立机构,也在做同样的事情。一旦他们认可了某种产品——在此特指咖啡,这种咖啡就获得了**国际承认的欧洲有机标签**。请注意,这个标签并不是咖啡高品质或者好滋味的保障。即使是有机咖啡,也需要专业人士运用知识和味蕾,才能选出其中的好咖啡。

除了公平,还得美味的咖啡

不管何时,在**考虑健康与环境**之余,都不能忽视咖啡的**品质**。咖啡不仅在包装和生产时应当对生态无害、对环境友好,还得**真的好喝**。因为只有好喝,才能长久发展。有觉悟的消费者会受到许多理念的影响,但只有产品——不管获得了何种认证——真的既地道又好味,他才会变成忠实的消费者。我们对于有机栽培的咖啡,以及来自各种对社会负责的项目的咖啡,当然可以提出同样**严格的质量标准**,这是每一位咖啡消费者的权利。

咖啡笔记

咖啡生长海拔越高，
咖啡因含量越低

高植咖啡，也就是生长在海拔1 800米以上山区的咖啡，不仅风味柔和，香气也更加浓郁，而且它们的咖啡因含量很低：0.9%~1.4%。

低植咖啡的咖啡因含量最高可达4%，因此风味较为尖锐，有时甚至会很苦涩。

我本人会比较注重的一点是，我家烘焙坊在制作拼配咖啡时，只会使用高植阿拉比卡咖啡。Koffie Kàn（译注：作者的手工咖啡烘焙坊的名字）的**一杯咖啡的咖啡因含量仅有60~80毫克**！这比一般的咖啡品牌含量都要低，甚至比一块牛奶巧克力的咖啡因含量还低。

两种方式收获咖啡

有选择性的手工采摘或者机械剥离

1. 在高山地区的小型种植园里，以及种植顶级咖啡的种植园里（这两者往往是同一批种植园），咖啡樱桃都是手工采摘的。人们只会摘下红色的成熟的咖啡樱桃，绿色或黄色的则留在枝头。在整个采摘季，采摘者需要多次来到咖啡树前，直到采下最后一颗成熟的咖啡樱桃。

2. 在大型种植园和进行密集种植的地区，大多数咖啡樱桃成熟时，人们会用机械把枝头的所有咖啡樱桃都剥离下来，之后再把其中不够成熟的咖啡樱桃挑出去。不管怎样，这样做出来的咖啡质量肯定要低一些。

不过农民追求的不是咖啡樱桃本身，而是其中珍贵的种子：咖啡豆。

在咖啡樱桃的果皮下有一层果肉，人们常把这层果肉称之为果胶。把果肉去除，你就能看到咖啡豆了。咖啡豆外面还包裹着一层坚硬的皮，被称为羊皮层，羊皮层下是一层银色的薄膜。这层薄膜可以对咖啡豆起到保护的作用，所以为了避免咖啡豆变干，它经常会被留在咖啡豆上，差不多直到咖啡豆被装船运输前才会被去掉。

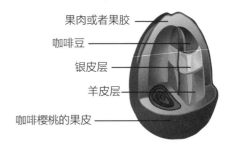

果肉或者果胶 ——
咖啡豆 ——
银皮层 ——
羊皮层 ——
咖啡樱桃的果皮 ——

去除果肉取出咖啡豆，以及这个过程对咖啡风味的影响

咖啡樱桃在被摘下来以后，必须迅速取出其中的咖啡豆，以防果肉发酵。有两种主要的处理方式——干处理法和湿处理法，还有一些以这两种方式为基础的变形。

干处理法

人们也将这种处理方式称之为"自然"去除果肉的过程。经过这种方式处理的咖啡，获得了自然的风味。咖啡樱桃被铺在晾晒场上，用日晒的方式干燥 15 ~ 20 天。在此期间，人们必须经常用大耙子翻动这些咖啡樱桃，让它们均匀变干。晒干后的咖啡樱桃会被放入脱皮机里，去除干燥的果胶和羊皮层。这是最传统的加工方式，加工后的咖啡豆呈绿色。因为咖啡豆是带着果肉一起被晒干的，所以它们的风味更加刺激和浓郁。这种加工方式主要用于罗布斯塔咖啡，以及产自日晒较多的干燥地区（例如巴西）的阿拉比卡咖啡。

湿处理法

咖啡樱桃会被放入大水箱里清洗：比较成熟的樱桃较重，会沉底，不成熟的樱桃则会浮在水面上，被人们拿掉。沉底的好咖啡樱桃会被送入去皮机里去掉果肉，接着再被放进大水桶里浸泡一段时间。此时咖啡豆表面尚存的黏膜开始发酵。之后，咖啡豆再次被清洗和分类：最成熟的咖啡豆沉底，质量不好的豆子则浮在水里。这样处理过的咖啡豆偏蓝色，它们接下来会被铺在干燥床上，或者被放进大型的干燥桶里用热空气吹干。这种加工方式会赋予咖啡豆浓郁而复杂的香气。在风味方面，人们常用"高酸质"这一术语来形容。这意味着在品尝这种咖啡时，人们可以体味到宜人的酸味，以及悠长的回味。专家有时候还会说到"金色"：咖啡豆上，将豆子一分为二的那条缝隙的颜色是明亮的，带点灰色。通过这条缝隙，你就能识别出真正的好咖啡品种。质量佳的咖啡品种一般都是偏蓝色的阿拉比卡咖啡，它们是拼配咖啡里的风味"改良剂"。这类咖啡主要产自哥伦比亚和

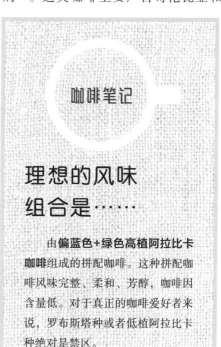

咖啡笔记

理想的风味组合是……

由**偏蓝色+绿色高植阿拉比卡咖啡**组成的拼配咖啡。这种拼配咖啡风味完整、柔和、芳醇，咖啡因含量低。对于真正的咖啡爱好者来说，罗布斯塔种或者低植阿拉比卡种绝对是禁区。

中美洲。

混合处理法

除了上述两种传统的处理方式，还有一些在此基础上的变形：巴西去皮留黏质层处理法(PN法)、蜜处理法、半水洗法。这些方法结合了湿处理法的一些步骤（多半是筛选咖啡豆的步骤，以及发酵的方式）和干处理法的一些步骤（干燥步骤）。每种处理方式都会造成咖啡在风味上独有的细微差别：一般来说，都会比经传统方式处理的咖啡豆醇厚度更高，酸质更少。

准备运输

销往精品咖啡市场的咖啡豆，在经过上述处理方式加工后，会被送往干燥站进行**清洁**：去掉混入其中的所有杂质，例如石子、木屑、金属碎屑……有些原产地咖啡豆直到这个阶段才会被去掉羊皮层。此时咖啡豆往往会被再次分类，分类依据的标准每个产地各有不同：重量、大小、颜色……以更加符合具体的质量要求。不符合标准的咖啡豆并不会被丢弃，而是会被用于制作速溶咖啡或者工厂生产的浓缩咖啡。这样你就该明白，如果你只购买工厂生产的咖啡，那么就不能喝到好喝的咖啡了……

现在咖啡豆已经做好了运输准备，可以被打包了。可追溯出产庄园的优质咖啡会被装入我们所熟悉的黄麻袋里，重量为每袋 60 ~ 70 千克。精品咖啡的包装袋上会印上庄园的名称，当然也会印上出产国。有时在包装上还会有合作社、出口商或者进口商的名字。送往工厂的咖啡豆则是散装的：用大塑料袋装着，甚至直接倒进集装箱里。现在，运输前的全部准备工作已完成。

咖啡交易

专门做种植园咖啡或者散装咖啡的出口商，从咖啡生产国的种植者那里收集咖啡后，会把样品提供给咖啡消费国的**进口商**。后者会视顾客，即**咖啡烘焙坊**的需求，采购合适的咖啡，而采购往往在咖啡收获前已经完成了，所以是以期货的方式交易。交易时的依据是种植者和出口商的声誉，以及原材料交易所上咖啡的价格。

阿拉比卡咖啡在纽约的交易所报价，罗布斯塔咖啡则在伦敦。供求关系确实影响着定价，不过决定需求的并非是咖啡的消费者，而是原材料市场上的投机者和其他各方势力。真正影响价格的不是生产成本，或者对质量的担忧，而是期货市场上围绕咖啡所进行的种种交易。

公平贸易咖啡

为了保护被低廉的原材料价格压得喘不过气来的种植者，诸如**公平贸易**之类的倡议诞生了，它们试图给予下游农民有保障的价格。如果交易所的咖啡价格很低的时候，这可以起到作用，可如果交易所的咖啡价格很高，那就没意义了。公平贸易标签组织只与小咖啡农的合作社合作，但不和独立的种植者合作。公平贸易基金会鼓励农民用自然、友好和传统的方式种植咖啡，给予他们咖啡种植方面的指导，并为他们提供多样化种植的指南，让他们不会过度消耗土壤，也不必仅仅依靠咖啡生存。起初公平贸易咖啡只出现在援助第三世界的商店或基金会下属的小型烘焙坊里。伴随着公平贸易运动的发展壮大，基金会也发展成为**跨国公司**，而你在超市也能买到公平贸易产品了。为了满足越来越大的需求量，公平贸易基金会也不得不开始跟大型种植园合作，所以公平贸易标签越来越无法保障咖啡的质量。基金会的管理、对所有下属成员的监管、标签的认证……都需要钱。带有公平贸易的咖啡变贵了，不是因为其质量，而是因为这些所谓的营运费用。你为公平贸易标签多支付的费用，最终只有很小一部分到了下属的小咖啡农手中。

公平贸易标签

咖啡笔记

实践中的
可持续经营

截至目前，Koffie Kàn从事可持续经营已有40多年的时间，早在这个概念流行起来之前便已开始了。这并不是某次心血来潮的赶时髦或对潮流敏感的产物，而是一种企业文化。在这种文化里，最广义的"尊重"和"人"仍然切实地起着核心作用，而不仅仅是空洞而隐晦的陈词滥调。这种构想已经融入我们业务运营和沟通交流的方方面面。它源自企业创始人的**经营哲学**。而我们一直保持这种热情的、真诚的、用心的经营方式。

因为Koffie Kàn尊重公平贸易这一概念，尊重远方这些种植咖啡、精心照料咖啡的"邻居"，所以Koffie Kàn与小型咖啡种植者建立了相当稳定的合作关系。**我们在Koffie Kàn使用的所有咖啡，都是产自小型种植园的高植阿拉比卡咖啡**，我们之间的合作已超过45年。得益于可靠的品质政策，所有这些小型种植园出产的咖啡都是顶级品质，由于他们每年都能提供稳定的高质量咖啡，所以Koffie Kàn一定会从他们那里采购，因为

这是Koffie Kàn作为供应商可以承担的责任。鉴于在世界市场上，购买高品质的咖啡需要支付额外的费用，所以我们也会**确保**这些种植者的**价格优势**。

为了获得我们所要求的高品质咖啡，我们已经做好了准备，愿意付给种植者高于市价的报酬：**平均每磅咖啡，我们会比市价多付50%的钱**。我们以此参与建立一种可持续的方式，来支持高质量和健康的食品，并反对过度和大规模生产。而且小咖啡农们也可以安心，因为他们每次收获后都能获得应得的收入。

我们也愿意**为改善咖啡生产国人民的生存状况贡献一份力量**。个人的力量虽然杯水车薪，但涓涓细流也能汇成大海。所以我们曾经捐款，资助教育哥伦比亚流浪儿童的项目，还有国际计划（Plan International）、埃菲科基金会（Efico Foundation）、咖啡儿童（Coffee Kids）和咖啡信托（The Coffee Trust）为我们设立的一些项目。我们创立了**巴夏妈妈有机咖啡**（Pachamama Bio）这一拼配咖啡品牌，用以资助拉丁美洲从事咖啡行业家庭的帮扶项目。目前我们正在和咖啡信托合作，帮助危地马拉和洪都拉斯咖啡产区的人们。

还有一项完全符合我们Koffie Kàn经营理念的活动，那就是将由于过小而被淘汰的咖啡烘焙机，赠送给恰帕斯州的有机咖啡农，相关培训和运输也由我们负责。

Koffie Kàn

咖啡生产国的自救举措

在很多生产咖啡的国家，一种意识和趋势正在兴起，即加强对**咖啡生产**和**咖啡从业人员**的**投资**。这一改变的结果是，成千上万以咖啡种植为生的人生活得越来越好。我觉得应该让外界知道咖啡生产国在积极引导方面所做的事情，我们确实没必要总是把咖啡种植和剥削挂钩。

⬆ 在拉丁美洲和非洲大部分生产咖啡的国家，咖啡农们加入了**国家咖啡协会**。这个职业协会在这些国家的力量不容小觑，对咖啡种植者和他们的员工至关重要。

•一家运作良好的咖啡协会，可以确保农民的产品至少能卖出"**最低价格**"，即使在国际上咖啡的价格远低于这个"最低价格"时也是如此。比如坦桑尼亚咖啡局（Tanzanian Coffee Board）就确保农民至少获得拍卖价格的 70%。当国际市场上的咖啡价格过低时，哥伦比亚国家咖啡生产者协会（Federacion de Cafeteros de Colombia）和肯尼亚咖啡局（Kenia Coffee Board）曾自己出资补助咖啡种植者（从 1989 年到 1994 年，他们曾连续补贴了 5 年）。

•为了确保本国的经济未来，**咖啡生产国必须持续保障**其向顾客——咖啡消费国——所提供的咖啡的品质。所以哥伦比亚、肯尼亚、危地马拉和巴西等国的协会，会对咖啡农进行深

入的培训。经济原因通常是主要的驱动力，不过农民们因此也意识到，他们需要节约自然资源。这也保证了咖啡农的未来。

国家咖啡协会

•协会确保**咖啡生产地区基本的基础建设**，资助这些地区的卫生保健、教育、道路建设和其他社会服务。他们这么做，是为了能让咖啡种植者及其员工更有动力地精心培育他们的咖啡，更加稳定的生活水平是必要的。在哥伦比亚、玻利维亚、洪都拉斯和肯尼亚，这种情况已很普遍。哥伦比亚和玻利维亚甚至与联合国国际药物管制规划署合作，改善道路和基础设施建设，目的是增加咖啡种植的吸引力和可行性，以取代古柯种植。

•很多咖啡协会也在持续资助研发，寻求更好更有效的种植方式，同时也不放弃对品质的追求。比如肯尼亚咖啡研究中心就已经研发出了产量很高的杂交作物，并培育出了更具抗病性的阿拉比卡咖啡树：Riu Riu 11。这种咖啡树几乎不需要农药。现阶段，这种咖啡树的品质已经足够优秀，不

肯尼亚咖啡局

过人们尚需用它逐步替换掉现有的种植物。我们也可以理解，肯尼亚的咖啡农肯定没办法简单地把现有的咖啡树全部连根拔起，再一下子全部替换成新的咖啡树。

替换需要时间。不过未来可期……

•这些年来，很多国家的咖啡协会都加入了卓越咖啡联盟（Alliance for Coffee Excellence），该联盟每年都会表彰成员国出产的最好的咖啡。2017年的**卓越杯**颁发给巴西、布隆迪、哥伦比亚、哥斯达黎加、萨尔瓦多、洪都拉斯、危地马拉、墨西哥、尼加拉瓜和秘鲁的一个先锋项目。加入该联盟的各个咖啡协会通过这种方式，鼓励本国的农民全面保障自己咖啡的质量，并实现可持续生产。通过卓越杯这一平台，他们为咖啡农们创造了闻名于世的机会，在咖啡种植者和烘焙师之间架起了沟通的桥梁，也让大家形成一个共同的意识，即对变得"优秀"的向往。

卓越咖啡联盟　　　卓越杯

•很多咖啡生产国的**政府**也已经意识到，咖啡种植需要支持。毕竟通过这种方式，人们可以牢牢地支撑起整个至关重要的国民经济。

•一批咖啡生产国有意识地从咖啡贸易保护政策向**自由市场政策**转型。在坦桑尼亚和尼加拉瓜，过去政府是本国咖啡农唯一的顾客。政府买下他们收获的全部咖啡，负责将它们卖出去，也决定着付给农民的价格。自从这两国开始自由化以来，咖啡农可以自由地将产品卖给出口商，出口商则**依据咖啡的品质**决定价格。这不仅让农民们在种植时更加重视咖啡的质量，也让他们有机会**为自己的咖啡挣得更高的价格**。与此同时，该国的咖啡协会也会确保农民的最低收入，并在种植、咖啡分级和拍卖方面帮助他们。

•亚洲的咖啡生产国则对咖啡生产者实施较为**友好的税收政策**。这样咖啡农们在出售咖啡时，得到的钱就会高于国际市场上的价格。他们的收益，往往可以比出售类似咖啡的他国生产者高出5%。

•在美国的基金会的帮助下，危地马拉政府从1994年起开始推进一项发展计划（小型咖啡农场改善项目）。**小咖啡农**通过这个项目，可以进入国际**高端**咖啡市场。他们在种植、加工和品控方面都可以得到技术支持，还可以接受实用的培训。

精品咖啡

显而易见的是，**精品咖啡**市场也为他们提供了一种可持续的出路。尽管精品咖啡市场仅占世界咖啡总产量的1%，但它主要为小型咖啡种植者提供了一种摆脱交易所对其收入影响的方式。精品咖啡因其品质和稀有程度而受到追捧，这样种植者也更有信心，可以把它们卖出较好的价钱。精品咖啡烘焙师甚至愿意为特定种植园出产的特定咖啡支付额外的保证金。这笔钱术语叫"差价"，有时甚至比通行的市场价格要高出一半多。这些激励着咖啡生产者们加大对品质和可持续生产的投资，他们也对所谓的精品市场上的销售更有信心。大家都可从中获益：咖啡生产者可以实现可持续生产，也把咖啡卖出了更高的价钱；咖啡商和烘焙师可以提供可持续的有利可图的高品质咖啡；而我们这些消费者，则得到了好喝的咖啡。

从咖啡树到杯中的咖啡

咖啡是仅次于水的最受欢迎的饮料。

咖啡是世界上重要的出口商品。

五大咖啡香气

柑橘　红色果实　坚果　巧克力　香草

十大咖啡生产国

巴西		330万千克/年
越南		153万千克/年
哥伦比亚		87万千克/年
印度尼西亚		60万千克/年
埃塞俄比亚		39.6万千克/年
洪都拉斯		35.6万千克/年
印度		32万千克/年
秘鲁		22.8万千克/年
乌干达		22.8万千克/年
危地马拉		21万千克/年

到2050年，我们也许就没有咖啡喝了……

气候变化是个大问题，不仅会影响诸如极地冰层和天气模式，也会影响我们的食物。有一批好吃的食物，我们到2050年也许就吃不到了，它们到时要么已经消失，要么就是维护成本太高。可可（巧克力）、苹果、李子、桃子、杏子、梨、法国葡萄酒、一些鱼类、饮用水和咖啡都在此行列。由于南北回归线之间的咖啡种植区的气温不断上升，这里降水减少，咖啡种植园往往必须与干旱作斗争。很多咖啡生产国的产量都减少了，而在中南美洲的许多种植园里，恐怖的咖啡锈病正在肆虐。

咖啡锈菌是一种可怕的真菌，会导致咖啡叶的枯萎和脱落，让咖啡树减产。最严重的情况是，咖啡树甚至会死去，让种植者失去全部的作物。由于该地区的平均气温升高了2℃，这种真菌生长和传播的速度都变快了。据中美洲咖啡出口商组织（Orceca）的估算，到2050年左右，该地区的咖啡产量将减少近1/5。咖啡协会和咖啡种植者们竭尽全力对抗咖啡锈病。自然栽培和天然肥料似乎可以让植物更具抗病性，但这还不够，因为有机种植园也受到了病菌的侵蚀。一般来说，只有改种更强壮、更具抗病性的咖啡树，才是唯一的解决办法，但这一点并非每位咖啡农都能做到。由此导致的结果：咖啡收获减少，种植园消失。

咖啡信托等组织开展了一项广泛的计划以对抗咖啡锈病。通过"农民到农民"的方法，他们教会受病菌影响的农民，如何借助可持续和有机的种植方式，以及有效的微生物，让土地变得肥沃和适宜种植。

从烘焙师
到
Koffie Kàn

从烘焙师到Koffie Kàn

现在，咖啡生豆已经被运抵消费国，这里有大量的咖啡消费者，正期盼着各种美味的咖啡。于是，咖啡烘焙师该上岗了。为了顾客，他们组织了咖啡生豆的采购，以便他们能以诚实的价格把咖啡出售给顾客。他们配出拼配咖啡再自己进行烘焙。而这正是相当棘手之处……

咖啡是如何变成棕色的？

大多数人说到咖啡豆，只知道棕色的那种。当咖啡生豆在安特卫普港口被卸载下来时，它们看起来就像是绿色或者偏蓝色的小花生。咖啡生豆经过高温烘焙才会变成棕色。这就像是糖通过烘烤变成焦糖一样：**咖啡豆里天然的糖分发生焦糖化反应**。这种变化需要差不多200℃的高温。但温度也不能过高，否则咖啡豆就烤煳了，咖啡豆里就会出现有害的灰烬，既无法消化，又会给咖啡带来煳味。

烘焙

咖啡豆的**烘焙时间**为2 ~ 15分钟。烘焙咖啡豆的传统方式，是使用一种带有大圆桶的机器，这种机器靠燃气或电加热。咖啡豆被放进大桶里，在热空气里来回滚动，并发生焦糖化反应。咖啡豆必须不断滚动，才能烘焙均匀而不被烤煳。桶里的空气越热，烘焙时间就越短。

好的手艺人在烘焙时，会尊重咖啡豆天生的细胞结构。所以，他会让焦糖化反应逐渐发生，烘焙得比较慢（大约15分钟）：慢咖啡！他积攒了自己的**烘焙档案**，把拼配咖啡的特点和他想要呈现出的咖啡风味都纳入考虑：酸度宜人、浓郁、扎实的醇厚度……咖啡豆的颜色是金棕色的，不带一丝焦煳味。

让咖啡豆里天然的糖
分发生焦糖化反应

⬇ **大型工业公司**有严格的经济利益要求。对它们来说，"时间就是金钱"，所以它们的烘焙时间较短，使用的温度也较高。它们加快了烘焙的速度，往往烤2分钟就能把咖啡豆出炉。如果烘焙咖啡的温度高于220℃，烘焙过程中控制好温度就很重要，烘焙后立即对咖啡豆进行冷却更是至关重要。人们会在烘焙后往桶里喷水，水立刻变成蒸汽，蒸发过程中需要吸收大量的热量，足以帮助咖啡豆降温。与此同时，每颗咖啡豆也会吸收不少湿气，大约会增重2%。除了用加速烘焙赢得时间，对于营业额高达数百万的大公司而言，水冷却也意味着可观的净利润。因为你作为消费者，在购买咖啡时，也为水付了钱。

"我喝不了咖啡"——"我喝咖啡会胃酸"

这种**快速而火力过猛的烘焙**，让**咖啡**里产生了不少烤煳的糖分和油脂，这不足为奇，而这些东西很难被我们的身体分解。可以拿黄油类比，如果你把黄油放进过热的锅里加热，它瞬间就煳了。如果喝完一杯咖啡让你觉得胃酸，或者有其他不舒服的感觉，那肯定跟这杯咖啡的烘焙速度和方式有关。还有，工业化烘焙的咖啡，如果温度过高，就会破坏咖啡里天然含有的挥发性油脂和胶质，而这些正是咖啡香气的来源。所以快速烘焙或者烘焙程度过深的咖啡，**香气较少，风味也较少**。

Koffie Kàn不一样！

用**传统工艺慢速轻焙的咖啡**是很好消化的，甚至**具有促进消化的作用**。饭后来一杯这样的咖啡，可以刺激胃液的分泌，促进营养物质的顺利分解和吸收。均衡的焦糖化反应过程让慢速烘焙的咖啡**风味更加丰富**，灰烬的含量也较少。

冷却

用传统工艺慢速烘焙的咖啡，可以通过一台强力风扇吹的风来冷却。当你用喷水的方式冷却220℃的快速烘焙的咖啡豆时，会损失一部分挥发性油脂（=香气）。这和萃取咖啡时是一样的道理。这样咖啡壶里的香气会大打折扣，咖啡杯里的滋味也会大打折扣。

传统工艺咖啡和
工业咖啡的区别是什么?

传统工艺咖啡

传统工艺咖啡本身已是**精品**。传统的专业手艺人——我把自己也归入此列——把从购买到销售的每个环节都牢牢**握在自己手中**。我们从特定的、往往是小型的种植园那里采购高品质的咖啡品种:顶级咖啡或者精品咖啡。我们自己可以在小型咖啡种植园所收获的咖啡里仔细筛选,再把挑选出的咖啡精心地混合起来:我们的销售额较小,客户则较为挑剔。**传统的咖啡手艺人口中所谓的"品质"**,着眼点在于我们向挑剔的顾客最终呈上的饮品本身。

工业咖啡

工业咖啡在种植时就是**大规模进行**的:巨大的种植园,在那里,数量是很重要的。咖啡收获时筛选得比较粗略,运输时是散装的。烘焙和加工这些咖啡的是大型的工业公司。这里的标准是:**平均质量**,不要偏离这个标准太多,既不要有不好的风味,也不要有过于突出的精致风味——因为混合的咖啡种类太多,再好的风味也会被淹没。大公司口中所谓的"品质",指的是咖啡可以完全由机械加工,烘焙和包装不会不断调整变化,还有分销时没有问题。而这一切的成本还要尽可能低。对于工业化的咖啡公司而言,摆在第一位的永远是经济效益。

包装

氧气、潮气和温度骤变都是新鲜咖啡的敌人。请优先从咖啡专卖店购买当日的新鲜咖啡，再为它选择可靠的包装，以尽可能**保存咖啡的香气**。

作为经验丰富的消费者，你会马上想到什么呢？没错：真空或者密封包装的咖啡。预先包装好的咖啡一般都是密封的。你可能会想，这样氧气就无法蚕食咖啡宝贵的香气，咖啡也能常保新鲜。然而你还是得小心！

打开一袋真空包装的咖啡，你马上就能闻到新鲜咖啡馥郁的香气……

高度真空……永保新鲜？

可惜你闻到的，只是这袋咖啡残存的最后一点香气。真空处理源自美国。讲究效率的美国人几乎为所有东西都找到了这种存放或存储的方法，研磨咖啡粉也不例外。这样，大规模交货就不再受制于生产和市场的重重阻碍。

研磨咖啡粉会释放出**本身含有的二氧化碳（CO_2）**。如果人们把刚研磨好的咖啡粉马上密封或真空包装，一段时间后，所有的包装袋都会鼓起来，变得跟小气球似的，因为咖啡粉释放出的二氧化碳排不出去。所以，工业化生产时，会先给研磨后的**咖啡粉通气或排气至少8小时**（往往更久）：

研磨后的咖啡粉被存放在巨大的筒仓里，筒仓内被吹入大量的空气。二氧化碳被吹入的空气带走了。**一起被带走的还有咖啡的大部分香气。**之后这些咖啡粉才会被真空包装起来。这种包装简单说来就是一种反向的吸尘器，在排出包装里所有氧气的同时，进行所谓的密封挤压，挤走了大约45%的香气，留给你一包坚硬的、像砖头一样的咖啡粉。如果你过几个月才打开包装，那最后一点残存的香气和风味也都不在了。

高度真空只在经济利益方面有存在的理由。有些商人该担忧了。坚硬的真空包装咖啡堆放起来特别容易，**既节约空间又能省钱**。多亏了坚硬的真空包装，大型分销公司可以依据咖啡价格制定**采购计划**：工业化烘焙工厂里的咖啡价格较低时，分销连锁店就可以多多购买储存，再在几个月后把它们投放到市场上销售。真空包装

是**自动化**的一种形式，只在量大时有意义。人们在这里讲究的是"技术品质"而不是"咖啡品质"，这同样是工业化生产的特征。

密封包装咖啡：正确的解决办法

因为我们这家使用传统工艺的咖啡烘焙坊出产的拼配咖啡，并不一定能在出炉后当天就送到众多顾客手中，所以我们使用**气调包装技术**来包装它们，这样不会伤害咖啡，还可以最大限度地保持研磨咖啡粉或咖啡豆的新鲜。Koffie Kàn使用了一种智能的丹麦包装材料：**一个气阀**（每包咖啡的包装袋背面那个银色的小片儿），这个气阀可以逐步排出包装袋内的研磨咖啡粉释放出的二氧化碳，同时不让外部的氧气进入包装袋内。用这种方式，咖啡甚至在研磨后就可以被包装起来，从而充分保留了咖啡的香气。在包装时，**全自动包装机**确保包装内的氧气残留不超过 1%，包装袋上也会印上**保鲜期**，并每日调整日期。我们对咖啡豆使用的也是同样的

包装，包装袋上的**保质期是 1 年**。不过咖啡当然是越早饮用越好。**直接**购买（烘焙坊）密封包装的咖啡豆，可以毫无问题地保持 3 个月的美味，而研磨咖啡粉则只能保持 1 个月。

当日所产的新鲜咖啡……

如果你**直接**从咖啡烘焙坊购买咖啡，当然就可以获得最新鲜的咖啡。这是自己确定咖啡的有效期的理想方式。

咖啡笔记

那么，我们自己怎么保存咖啡呢？

如果你只想喝风味充足的咖啡，那就别存货。

－使用**研磨**咖啡粉时，要使用密封包装的，**1个月内**所产的咖啡。

－理想的是购买新鲜的（烘焙）**咖啡豆**，保存时间不要超过3个月，每次萃取咖啡前再研磨它。

如果你在家是用各种漂亮的罐子存放厨房原材料的，那请务必小心保存咖啡的香气。密封良好的**釉面陶罐、瓷罐或锡罐**都不错。玻璃罐看起来漂亮，但它是透光的，所以如果用玻璃罐装咖啡，请把它们放进柜子里避光。

每次放入新鲜咖啡前，**请彻底清洗储物罐**，不要残留之前的味道。尽可能减小罐里的咖啡和盖子之间的空隙。如果你买回来的咖啡是装在坚固的无孔包装袋里的，请把咖啡连袋一起放进储物罐里。每次使用后，请把袋子卷起再封口，这样咖啡表面就不会留着一层空气了。

你也可以使用不透水的包装，把**咖啡豆冷冻**起来。不过就像其他所有的冷冻食品一样，一旦解冻，请立即用完。冷冻咖啡只能作为**应急手段**（比如准备出门度假一周前，家里剩下的咖啡……），研磨咖啡粉最好不要冷冻。

慢咖啡：业务的核心

慢食

"慢咖啡"是一个时髦的概念，一般用来指萃取咖啡时"慢速"的方式。

作为一名使用传统工艺的咖啡烘焙师，我很早就开始了制作"慢咖啡"。我们慢速的、使用传统工艺的咖啡处理方式，涵盖了从咖啡豆筛选、烘焙到包装的方方面面，这从我们**咖啡极佳的品质**就能看出。

我在前文里说过，真正高品质的高植阿拉比卡咖啡，一般只出产自小型和中型的种植园，这里的咖啡农花费大量精力照顾咖啡，所以也可以从我们这里获得高于市价的报酬。我们认为，和小型或中型种植园保持这种忠诚的关系，对我们自己的业务领域是重要的。当然，这种方式可以确保我们为顾客提供美味的咖啡。不过我们也以这种方式，参与建设传统的生产方式，以生产出健康而高品质的食物。这一切都完全符合**慢食**的原则。

咖啡烘焙：我们是这样制作慢咖啡的

Koffie Kàn在自家的烘焙坊里，开发出了一套独有的技术。这套技术可以完全掌控咖啡烘焙的全程，并尊重拼配咖啡里每一种咖啡的特点，让咖啡得以使用最低温度（大约200℃）烘焙：戴克洛特（DYCOLOTE®）烘焙。这种温和处理咖啡豆的方式，可以烘焙出风味柔和的提神咖啡，因为咖啡豆里的糖分和油脂都没有被烤煳。以这种方式制作的拼配咖啡，具**有柔和的美味**。

Koffie Kàn的咖啡都是靠空气冷却的，冷却过程中不添加水。这和工业化的咖啡烘焙完全不同，后者以注水的方式控制烘焙中的温度，烤好后为了让滚烫的咖啡豆降温，也会往烘焙桶里喷水。喷水可以增加咖啡豆的重量，但Koffie Kàn不同，我们每一颗咖啡豆都是纯自然的。

发现
你自己的
咖啡风格

PART 06

发现你自己的咖啡风格

我很愿意跟你分享一些小知识，帮你在多彩的咖啡术语、咖啡制作和咖啡传统的世界里，找到自己的路。请随意挑选你觉得有趣和感兴趣的，利用这些知识来形成你自己的咖啡风格，并充分享受它吧。

你是哪种类型？

你怎么喝咖啡？

- 过滤式咖啡
- 加奶：拿铁、卡布奇诺、法布奇诺……
- 浓缩咖啡
- 含大豆或其他牛奶替代品的脱因咖啡
- 速溶咖啡
- 冷萃咖啡或者其他的咖啡品种

你每天喝几杯咖啡？

- 1 ~ 2 杯
- 2 ~ 3 杯
- 3 ~ 4 杯
- 超过 5 杯
- 一天不到 1 杯，一周 1 杯或更少

你有自己专用的、其他人都不许使用的咖啡杯吗？

- 有
- 有好几个
- 没有

当你早晨醒来，想到的第一件事是什么呢？

- "希望今天是美好的一天！"
- "呜呜呜，头好痛……"
- "急需咖啡，现在就要！"

你在哪里购买咖啡？

- 咖啡专卖店
- 供应（多种）精品咖啡的食品商店
- 超市

结果：

　　你是否一天喝的咖啡超过4杯，柜子里有一堆自己专用的咖啡杯，早起想到的第一件事就是来一杯咖啡？如果答案是肯定的，那你绝对是咖啡的"铁粉"。此外，如果你更愿意在咖啡专卖店里购买精品咖啡，那你显然喜欢高品质的咖啡。如果你还总是选择某种特定的咖啡饮品，那你无疑是一位真正的咖啡迷。

通过咖啡饮品识人

　　临床心理学家拉马尼·德瓦苏拉（Ramani Durvasula）博士在2013年研究了1000多名喝咖啡的人，并根据她的观察结果，研究了偏爱某种特定咖啡的人群的普遍个性。

拿铁、卡布奇诺、法布奇诺

　　你简单易懂，就像一本打开的书，喜欢舒适。你想取悦他人，消除事物尖锐的棱角。你在时间和物质上都很慷慨，但有时会过度在意他人，导致把你自己给忘了。每天，你都在大脑的逻辑部分和创造性部分之间寻求恰当的平衡。你简单的一面喜欢咖啡的风味，柔软的一面则喜欢加上牛奶。但不管怎样，拿铁咖啡都能助你快乐而富有成效地度过这一天。如果你更喜欢卡布奇诺或者法布奇诺，那你的性格和选择拿铁的人基本上类似，不过你会更有自己的风格、品味和创造力。

过滤式咖啡

　　你是一位传统的人，甚至有点纯粹主义。你想保持简单，无论是着装还是生活都选择直接简单的方式。你有耐心、效率高。有点安静，有时有点喜怒无常，但坦诚的性格让你成为可爱的朋友。你所选择的极简式咖啡，十分符合你的极简主义性格。过滤式咖啡在手，助你不会头脑混乱地开始新的一天。

浓缩咖啡

　　你是一位天生的领导者。你工作起来很拼，玩起来也很拼。你知道该如何把事情做好。你勤奋工作的本性，无论在职业层面还是社交层面，都可以给他人以启发。作为浓缩咖啡爱好者，你喜欢的当然是咖啡的风味。如果你还喜欢往浓缩咖啡里加些牛奶，那你肯定也有一些拿铁爱好者的性格特征，不过你更热情些。如果你只喝浓缩咖啡，那你绝对是个性格鲜明的人。喝完这杯浓缩咖啡，你已做好要去赢得胜利的准备了。

含大豆或其他牛奶替代品的脱因咖啡

你喜欢掌控，所以你需要规则和秩序。你是一个完美主义者，甚至有点执迷。其他人往往会觉得你有些傲慢。你有过度反应和担心的倾向。你很注重身体健康，会有意识地选择饮食，希望全面了解你吃下和喝下的食物。对咖啡你也是同样的态度。不过你内心始终潜伏着一种恐惧，即对触犯某些健康禁令感到恐惧，所以你选择脱因咖啡，以及最新的可靠的牛奶替代品。

来源：主要来自 *You Are Why You Eat: Change Your Food Attitude, Change Your Life*（《你就是你吃饭的原因：改变你的饮食态度，改变你的生活》），拉马尼·德瓦苏拉（Ramani Durvasula）博士著

冷萃咖啡或者其他的咖啡品种

你是个自信的人，喜欢尝试新事物。你是潮流的引领者。你喜欢解决问题，没有时间用来处理小情绪或者戏剧性的事情。你很主动，足智多谋，有时候有些鲁莽。你喜欢快速地解决问题，所以并不能总是做出正确的选择，但你并不在乎这一点。你是控制情绪的大师。冷萃咖啡让你摆脱季节的影响，甚至说，你因此而控制了季节。

速溶咖啡

你算是传统的人，不过是以比较容易的方式遵循传统。花最少的力气，你也能做成事情，你还总是喜欢等到最后一刻才开始做。你在生活上相当放松，不会迷失在细节里。有时对待你自己和身体健康，你会太随意了些。你不能理解，为什么其他人会那么忙于计划和组织。你过日子是既来之则安之。喝速溶咖啡对你来说只是为了摄取咖啡因，而不是为了享受。

阅读咖啡包装上的信息

　　如果一家咖啡公司对待顾客足够诚实，它会在咖啡包装上尽可能多的印上各种信息，以帮助消费者在购买时做出决定。

拼配咖啡的信息： 组成成分、烘焙方式及其风味。

标签： 指明的是品控、是否环境友好和其他一些特点。

排气阀： 二氧化碳可以被排出，但氧气不会被放进去。下面的文字还指出，这包咖啡使用了气调包装技术。

保质期： 包装时打印在包装侧面。

QUALITY CONTROL

Freshness valve

Van koffie kàn u genieten, jawel

Koffie Kàn heeft in haar eigen branderij een unieke technologie ontwikkeld, die het koffiebrandproces volkomen beheerst: het DYCOLOTE® roosteren. De koffie wordt er aan een minimale temperatuur geleidelijk gekarameliseerd. Die zachte en trage verwerking van de koffiebonen is helemaal in overeenstemming met de principes van SLOW FOOD en biedt een koffie die tot de laatste druppel smàakt en aardig blijft.

Koffie Kàn, Saveur sans aigreur

Koffie Kàn sélectionne des cafés Arabicas d'une teneur en caféine inférieure à 1,5%. La torréfaction douce selon le procédé exclusif DYCOLOTE vous permettra de savourer l'arôme complet de ce généreux café.

Verpakt onder beschermende atmosfee

Conditionné sous atmosphère protectrice

Packed in protective atmosphere

Tenminste houdbaar tot:
A consommer de préférence avant fin:
Best before:

100% 阿拉比卡咖啡：依据法律，只有成分真的是 100% 阿拉比卡咖啡时，才可以如此标识。这是品质的保障，也说明了咖啡一部分的风味：柔和，不苦。

烘焙、包装和分销这包咖啡的**咖啡公司**的信息。

条形码：商家借此识别产品的信息。

Koffie Kàn,
Nice, not naughty
Yes, you can enjoy coffee.
Koffie Kàn is gently roasted,
and has a caffeine content
less than 1.5%, whitout any
loss of taste!
Koffie Kàn has developed
an exclusive DYCOLOTE
roasting method so that this
blend keeps its full aroma,
but remains smooth.

100% Arabica

250 g e 8.8 oz
netto gewicht
poids net weight
☕ = 7gr

Koffie Kàn
Kerkstraat 84
B-8420 Wenduine
tel. + 32 (0)50 41 46 23
www.koffiekan.be
product of Belgium

03-04-18 /2064

Sant.
Mild

5 410662 622307

这包咖啡的**净重**是 250 克，e 表示欧洲标准。这包咖啡的萃取建议：☕ =7 克：为获得完整的风味体验，萃取一杯咖啡，请使用 7 克研磨咖啡粉。

保质期：烘焙后 12 个月内。所以从这张图可以看出，这包咖啡的烘焙和包装日期是 2018 年 4 月 3 日，保质期就是指示，给你的信息是：尽快饮用，尽可能在新鲜时饮用。不过这个日期也是一个**批号**，可以用来追溯这包咖啡的以下信息：

·烘焙和包装的日期和时刻
·种植这包拼配咖啡所使用的每一种咖啡的种植园的细节
·使用了哪个批次……

一旦你要投诉这包咖啡的质量，通过这个日期，就可以查到生产中发生了什么问题。

咖啡笔记

专业术语

　　你可以通过咖啡从业者彼此间交换的描述信息，"阅读"咖啡豆。进口商和咖啡烘焙师通过以下方式来获得信息：生产这种咖啡的种植园和产地、咖啡豆的大小（特大豆、大型豆、中型豆……）、咖啡豆的外观（精致、特别优质……）、出口商杯测后的风味（精品级、饱满的醇厚度……）、颜色、去皮取出咖啡豆的方式、收获信息（存货还是新货）、运输者等。

　　比如说，一种产自巴西桑托斯的咖啡可以被这么描述：

- 桑托斯港

- 大型豆，筛网18目（咖啡豆的大小）

- 浅绿色（颜色——可以部分体现去皮取出咖啡豆的方式，以及咖啡豆的年龄）

- 极其柔和（风味）

- 杯测证明（销售者进行了杯测，后面可以加上一些信息，例如：）

–精品级（精致的风味）

–饱满的醇厚度（圆润、饱满的风味）

–新产季（新收获的咖啡豆）

–烘焙恰当（烘焙时将会完美变色）

- 如果是精品咖啡，那么会加上种植园和出口商的名字

更多小知识

咖啡因

咖啡里除了咖啡因，还有很多别的成分，比如说微量元素（在细胞水平上调节代谢过程）和维生素。一杯咖啡含有约162毫克的矿物盐，其中包括数量不容忽视的珍贵的钾（保护血管）、极少量的钠（对心脏和血管有害）和1～2毫克的维生素PP（帮助人体将碳水化合物转化为能量）。咖啡中的多酚具有抗菌作用，可以抵御龋齿。还有一点不应被减肥者忽视：黑咖啡（未添加奶、糖）的热量极低！

咖啡里最为人熟知的成分当然是咖啡因。咖啡因是植物产生的驱虫剂，可以抵抗感染和饥饿的掠食者。这种成分存在于咖啡、茶、可乐和可可中，也存在于各种能量饮料和药品中。

咖啡因进入我们的身体后会如何？

咖啡因是咖啡最活跃的成分。

·咖啡因会增加人体中神经递质多巴胺的水平。由此产生的结果——我们的中枢神经系统被激活，我们感到更有活力、更快乐。像所有的热饮料一样，咖啡很快就会被胃消化，然后迅速影响我们的有机体，不过这种影响是短时间的。这因人而异，因为每个人都有自己新陈代谢的节奏。喝完咖啡5分钟后，咖啡因就已经到达我们的大脑，3～5个小时后，其作用会减半。

·咖啡因会促进很多身体功能，其中也包括中枢神经系统，这会让心率略微加快，血管扩张。我们将咖啡作为提神剂，在早餐时或一顿美餐后饮用，我们的头脑也因此更加清醒。美国生物物理学家、耶鲁大学教授J·默多克·里奇（J. Murdoch Ritchie）博士，在古德曼和吉尔曼的经典著作《治疗学的药理学基础》中写道："人们在使用咖啡因后，可以持续进行智力劳动的时间会更长，也可以做出更完美的联想。对感官刺激有了更纯粹的评估，运动增多。例如打字员，会打得更快，错误变少。"

·咖啡因可轻微促进肾脏的功能，并刺激膀胱。因此它本身也会被迅速排泄出体外。对某些人来说，咖啡因甚至是轻度的泻药。

一杯咖啡里有多少咖啡因?

这取决于一系列因素: 咖啡豆的种类、烘焙的方式、使用的研磨咖啡粉的重量……一般的标准是, 一杯咖啡, 无论是什么牌子, 平均含有**100 ~ 250 毫克**咖啡因。

咖啡健康吗?

1. 布里斯托大学的研究者表明, 即使是一杯咖啡因含量为非成瘾性的 60 毫克的咖啡, 也能让我们更好地吸收, 并感到更有活力。

2. 帕金森和阿兹海默这类病症, 是由于多巴胺的缺乏造成的。咖啡因恰恰可以增加这种激素的产生, 因此狂热的咖啡饮用者患有神经系统疾病的概率较低。檀香山心脏计划发现, "拒绝喝咖啡的人" 患帕金森病的概率, 是每天喝 4 ~ 6 杯咖啡的人的 5 倍。

3. 哈佛公共卫生学院的研究者表明, 每天喝 1 杯以上的咖啡, 可以减少患 II 型糖尿病的风险。当然, 是无糖咖啡。

4. 圣保罗大学的研究者称, "饮用咖啡男性" 的精子, 比放弃咖啡的人流动性更高, 也更强壮。得克萨斯大学则发现, 每天喝 2 ~ 3 杯咖啡, 可以减少勃起问题。

5. 咖啡因刺激消化。排便频率因此提高, 体内的垃圾残留也减少了。由

此产生的结果: 降低大肠癌的患病概率 (明斯特大学研究表明)。

6. 咖啡因有降低组胺的作用, 组胺是一种引发过敏 (呼吸困难、肿胀、瘙痒) 的物质。

上述这些内容的寓意: 继续享受美味的咖啡吧! 因为咖啡是好东西!

脱因咖啡: 如何脱去咖啡因?

基本做法很简单, 你自己在家就能做。如果你把未经烘焙的咖啡豆放在水壶里连煮大约 24 小时, 豆子里所有的咖啡因都会溶入水中。咖啡煮这么长时间当然不好, 因为咖啡中太多其他的有益成分 (比如香气成分) 也被煮没了。

·所以人们要在专业层面使用二**氯甲烷法**脱因, 具体方法如下: 使用大约 93℃ 的纯净水, 给生咖啡豆来一场蒸汽浴。这个过程可以取出咖啡的咖啡因、油脂和其他组成成分。接着把咖啡豆和水分开, 再往水里加入有机溶剂二氯甲烷。二氯甲烷和咖啡因会发生化学反应。10 小时后再次把水煮开, 让残留的二氯甲烷和咖啡因蒸发。再把咖啡豆加入混合液中, 让它们重新吸收其中的油脂和香气。最后一步是把豆子放在大型通道里用空

气吹干。世界上很多大学做了无数的研究，已经证明二氯甲烷溶剂对健康无害。食品中允许的二氯甲烷残留值为 10ppm（百万分比浓度）。大部分脱因咖啡中的二氯甲烷残留值仅不到 2ppm。

反对脱因咖啡的最大理由是这种使用化学材料的极不直接的处理方式。测试购买组织（译注：比利时的消费者权益保护组织）早在 1974 年 3 月已经调查过 16 种品牌的脱因咖啡。他们经过研究，发现这些咖啡中完全没有残留所使用的用于去除咖啡因的溶剂。到目前为止，人们对溶剂的残留值做了数不清的检测，这些脱因咖啡中无一能被检出溶剂残留。从 1968 年开始，法律也有明文规定，只允许使用有机溶剂二氯甲烷，并且规定了用量。所有关于脱因咖啡有害的谣言都是过时的。

• 目前人们也开发出别的脱因方法：**用水和溶剂萃取**，以及一种使用"**超临界**" **二氧化碳**的处理方法，或称为**二氧化碳法**。使用这种方法时，人们用只对咖啡因产生反应的液态二氧化碳取代了化学溶剂。首先将咖啡豆浸入水中，然后放入密封的钢制容器里，再往容器中以 69 巴（bar）的压力压入液态二氧化碳。二氧化碳会萃取出咖啡豆里的咖啡因，但对其中的风味分子和油脂没有影响。接着人们把含有咖啡因的二氧化碳收集在另一个容器里，并释放压力，使二氧化碳回到气体状态，只留下咖啡因。释放出的二氧化碳被再次加压，所以可以被循环利用。这种方法要复杂许多，耗时也长，所以花费也高。二氧化碳法主要用于有机咖啡的脱因。

咖啡笔记

你在喝了咖啡以后，是否有胃酸反流、胃部不适或神经紧张的现象，但平时无论身体还是精神都很健康？请检查一下你所喝咖啡的质量：这种拼配咖啡是否百分百由高植阿拉比卡咖啡所组成，天然咖啡因含量是否较低？咖啡是否是轻焙的（没有烤成焦黑色吧）？烘焙过程中是否既没有添加脂肪和糖，也没有添加水和香料？如果你喝的是真正的高质量咖啡，那么它应该是很好消化的。

如果你对咖啡因敏感，请在 16 点后只喝脱因咖啡。在 16 点以前，喝上几杯天然咖啡因含量较低的、未经脱因处理的好咖啡，不会对你产生什么不良影响。

还有，说真的，健康咖啡是存在的！请注意，别把咖啡当成健康品来喝。**请用葡萄酒鉴赏家的理念来享用咖啡**：这是一种大自然的产物，经常可以让你的生活更加多姿多彩。

伟大的传统

世界上的咖啡饮用者习惯和喜好各有不同，我们大致可将其分为三大传统区域：

1. 阿拉伯世界

那里的人们饮用咖啡的方式，最接近最初的咖啡萃取方式。他们普遍使用烘焙得颜色很深的咖啡豆，一般会把豆子磨成细粉，总是会把咖啡连续三次煮得临近沸点。他们喝的是一种又苦又甜的饮品，满是咖啡渣，其中还有大量的糖。在一天中的任何时刻，他们都会不紧不慢地从小杯子里啜吸这种咖啡。

2. 南欧和拉丁美洲

这里的咖啡爱好者喜欢两类咖啡：一类是上午喝的，一类是下午或者傍晚喝的。他们喝的永远是强劲的深焙咖啡，最好是由当地无处不在的浓缩咖啡机制作的。比如意大利，在制造和使用这种机器方面有着真正的传统。他们曾经成功地用质量欠佳的豆子萃取出了还不错的咖啡。这里很少人喝过滤式咖啡。由于意大利的咖啡传统，咖啡文化在新千年之初经历了惊人的复兴。这场复兴首先发生在美国，之后席卷其他欧洲国家。来自意大利、法国、西班牙、葡萄牙和希腊的地道南欧人喜欢颜色较深、泡沫丰富的黑咖啡。早上他们会往这种浓烈的饮品里加入很多热牛奶，然后用大碗或者敞口大杯子喝，杯子还得有个把手，方便他们抓着暖手。傍晚或晚上，他们更愿意喝小杯的咖啡，同样浓烈，加上很多糖。同时必备的，还有一杯新鲜的矿泉水。

3. 中欧、北欧和北美

这里的人喝咖啡的方式完全不同。他们用的咖啡豆是烤成棕色的，而不是黑色的。所以这些咖啡豆也没那么苦和强烈。他们的咖啡必须清澈（没有咖啡渣），风味不能太独特。所以过滤式咖啡很受他们的欢迎。在浓缩咖啡文化几乎入侵全世界的当下，这里的人显然更有仪式感。所以如今你可以用多种咖啡萃取系统，以复杂程度不一的方式过滤咖啡。在下一章里，我会向你介绍其中有趣的几种。

咖啡笔记

喝咖啡的饮品店为什么叫 "CAFÉ"，咖啡馆里的服务生又为什么叫 "GARÇON" 呢

17世纪时产生了一种时髦的事物：咖啡屋。"café" 这个名称也应运而生，主要是为了清楚地以示区别，表明这种咖啡屋不同于传统的主要供应啤酒的小酒馆。在巴黎，普罗可布咖啡馆（Café Procope）是最古老的咖啡馆之一，这家咖啡馆至今仍然存在。当时，普罗可布咖啡馆的老板让自己的儿子们在店里服务，如果顾客需要点单，就会喊 "garçon"（译注：法语"小男孩"之意）。从此之后，这个词作为咖啡店服务员的代名词，被保留了下来。

速溶咖啡······什么也没溶出来

除非你只看重时间，而且满足于喝了咖啡的幻觉。世界上每年所产的罗布斯塔咖啡，约有 75% 是用来制作速溶咖啡的。制作速溶咖啡不需要品质好的咖啡，需要的是味道强劲、刺激的咖啡，而这些恰好是罗布斯塔咖啡的特点，此外它的价格也比较便宜。

制作速溶咖啡时，开始阶段貌似挺专业：新鲜烘焙和研磨的咖啡，放入超大的过滤壶中萃取。但接下来的步骤是**脱氢**（去除水分，当然也去除了香气）、**冷冻或冻干**和**浓缩**。在这些步骤中丧失的成分，会用人工物质来填补。最终人们得到的，是一种非天然的、风味寡淡的粉末或颗粒。而且这种产品的价格还得越低越好。

关于速溶咖啡，有些巴西人对此有一种说法："No es café!"（译注：算不上咖啡），这是用扎根该国的重要速溶咖啡品牌的名字开的文字玩笑。速溶咖啡就像快餐，非常适合我们的工业社会和只追求利益的职业道德。速溶让办公室的茶歇时间减少了麻烦，而且耗时明显变短。这种习惯也不可避免地进入了我们的家庭生活，因为紧张的生活中，谁不愿意用点又快又简便的东西呢。

速溶咖啡有什么优点？有人说："速溶咖啡永远更新鲜。"如果在萃取咖啡前，**自己研磨咖啡豆**，可以制作出速溶咖啡无法与之相比的更新鲜的咖啡！有人说："速溶更快，冲泡更容易。"那么，用**单杯过滤器**或者**浓缩咖啡机**就更方便了（参见"咖啡萃取"这一章）。而且我可以说：每天早晨用良好的、也许是精心准备的方式萃取咖啡，也**有利于你的精神健康**。这可以使你免于依赖，支持你对抗每日的烦恼，也可以让你在一天的开始时，确定自己已经做了正确的事情。后者对于展开新的一天而言，是一种很积极的情绪······

咖啡渣

萃取咖啡后总是会剩下咖啡渣，大部分情况下，这些咖啡渣都会被扔进垃圾箱。其实咖啡渣是很有用的！它是一种环保的家庭用品，而且是百分百可生物降解的。

1. **清洁锅碗瓢盆**：用咖啡渣浸泡报纸，然后用湿报纸打磨锅碗瓢盆的底部。

2. **中和水槽发出的难闻气味**：用咖啡渣摩擦排水口，然后用约 1 升的滚水冲洗排水口，最后用大量热水冲刷。

3. **让铝制或铜制的用品光亮如新**：用湿抹布沾咖啡渣，然后用抹布彻底擦拭物品。清水冲洗后，用软布擦出光泽。

4. **让你的绿植生长茂盛**：每个月 2 次，使用略湿的咖啡渣作为基肥。

5. 在咖啡渣床上**种植蘑菇**：咖啡渣床含有蘑菇生长所需的丰富营养，而且由于之前的加热，咖啡渣已经过了巴氏消毒。种植方法网上都有，请自行搜索。已经有公司开始做这个生意了。

6. 剥完坚果后，指尖易变成棕色，**可用咖啡渣清洁变成棕色的指尖**：仔细用咖啡渣摩擦双手，然后用干净的水冲洗。重复这个过程，直到双手恢复原本的肤色。

7. 让崭新的木制品具有古色古香的外观：用带有咖啡渣的咖啡擦拭木制品，待咖啡被吸收后，重复上一个步骤。之前，布鲁日具有 500 年历史的耶路撒冷礼拜堂翻修了木制的十字穹顶，新的木梁就是用咖啡处理的，成品和礼拜堂内原有的木梁看起来毫无差别。

8. 在缺乏燃料的地区，或者妇女儿童经常需要捡拾柴火的欠发达地区，咖啡渣可以**代替柴火**：加拿大多伦多大学工程系的学生设计了一种用咖啡渣、石蜡和糖制成的可燃烧块状物——MOTO 木。大规模生产和传播这种产品，可以给予妇女和儿童更多人身安全，并减少对森林的砍伐。一块这样的咖啡块能燃烧 90 分钟，可以用来做饭或取暖。一些大型咖啡连锁店已经开始给这个项目提供咖啡渣，学生们仍在不断改进这一产品。（http://www.themotolog.com）

咖啡萃取

PART 07

咖啡萃取

O, boiling, bubbling, berry, bean!
Thou consort of the kitchen queen
Browned and ground of every feature
The only aromatic creature
For which we long, for which we fee
The breath of morn, the perfumed meal.

OVER THE BLACK COFFEE - ARTHUR GRAY, 1902

啊，煮沸、冒泡、浆果、豆！
汝乃厨房女王之良伴
棕色和每一个特征的基础
唯一的香气创造者
我们对此渴望，我们为此付费
清晨的气息，芳香的一餐。

《论黑咖啡》，亚瑟·格雷，1902

水

你有没有想过，你喝咖啡时，喝下的99%其实是水？所以除了好咖啡，使用真正高质量的水也极为重要。

水的风味

水都有一定的酸碱值（pH值）。比利时自来水的酸碱值都被调到了中性的7，以避免管道被腐蚀和氧化。这种中性的水可以理想地充分释放咖啡中的香气。不过，水龙头里流出的水永远是明亮、纯净的吗？拆开水龙头，你有时简直像是身处公共游泳池：氯气的味道扑面而来。你的自来水 pH 值肯定是没问题的，但氯气会彻底改变咖啡的香气。此外，如果你的管道系统里有铜管，或者管中的热水会接触到不良的合金焊料，那这些自来水就很不健康。饮用水经常是通过净化地表水获得的，那么水中就会残留硝酸盐、亚硝酸盐和重金属。自来水过滤系统可以改善这些问题。我们在商店里可以找到安装在自来水管上的便捷过滤水龙头或者过滤系统。

风味"改良剂"

水中有一系列"固体"成分，这些成分也可以影响咖啡的风味。这些固体成分，只需一点，就可以决定咖啡是"美味"还是"无味"。

•你在水中肯定能尝到一定含量的铁。铁含量太高，甚至有可能导致加入咖啡的奶油变成绿色（不过咖啡行家都明白，喝咖啡根本不需要加奶油……）

• 水垢使水变硬。硬质的水让咖啡变苦，香气变淡。

• 水中也含有氧气。氧气太多对咖啡的风味是有害的。当热水从水龙头里流出时，常常因为内部的小气泡而呈现出白色，这就是氧气过量的表现。这些白色的气泡很快就会消失，你也可以通过烧煮来降低水中的氧气含量。不过煮水的时间不宜过长，因为咖啡的香气需要适量氧气才能充分发散出来。

其他的水

• 大多数**瓶装矿泉水**都含有许多"固体"成分，含量往往超过了理想的风味阈值。如果你宁愿用矿泉水冲泡咖啡，请选择符合这一标准的水：其矿物质含量应尽可能低。通常你可以通过矿泉水的口味做出选择。（例如，比较一下依云矿泉水和 Spa Reine 矿泉水的口味。）

• **井水和雨水**都太咸了：酸碱度不合适、污染导致的化学物质、细菌污染、太多的无机盐和杂质使它们完全不适合被用于饮食中。

咖啡笔记

在冲泡咖啡前，先把水煮一煮。这样一来，水里的水垢会沉积在水壶内壁和底部。一种叫"水壶海绵"的产品可以防止沉积的发生。

研磨

　　在商店里请店家代为研磨咖啡豆，或者直接买预先磨好的咖啡粉，这当然要方便许多。不过对于真正懂得享受咖啡的人来说，萃取一杯完美的咖啡，自己研磨咖啡豆是必须的。达到完美，只需一点点努力。

选择哪种咖啡磨豆机？

如果你愿意花时间、也有耐心用**手动咖啡磨豆机**研磨咖啡豆，那么你就能享受一杯真正的新鲜好咖啡。这是因为咖啡磨豆机里有两块锯齿状的磨柱或磨石，可以非常"耐心"地把咖啡豆越磨越细。这种研磨充分尊重咖啡的天然细胞结构，并最大限度地保留了香气。你想研磨得快一点，对**电动咖啡磨豆机**更感兴趣？那么请留心它的研磨系统：

⬆ **两片刀片**，咖啡豆从中通过的那种极佳。

⬆ 一个**锯齿形的磨柱**，咖啡豆被磨碎后落入咖啡磨豆机底部的那种也不错。

⬇ 但是，请**不要**使用大多数小型（且最便宜）的机型里的那种**旋转刀片**。由于旋转速度快，这种刀片会让咖啡豆升温，丧失大量香气。而且它们研磨得也不均匀。

研磨粗细度如何？

精细研磨，但别磨成粉末，除非你准备做的是土耳其式咖啡。此外也要依据你的咖啡过滤器和萃取方式调整研磨程度。标准的研磨程度：用手指搓揉研磨后的咖啡，仍能感觉到一些**细小的颗粒**。

确实，每一种萃取方式都需要特定的研磨程度。咖啡颗粒的大小决定了水渗透咖啡粉的速度，也因此决定着香气分子从咖啡中释放出来的速度。

咖啡研磨得越细、与水接触得越多，咖啡的风味传递得就越快。所以浓缩咖啡需要精细的研磨，因为水通过咖啡粉的时间短，而法式滤压壶则需要较大的研磨颗粒，以减少咖啡中的沉淀物，而且因为萃取时咖啡要在水里浸泡几分钟，所以颗粒大，释放出的苦味也会少一些。

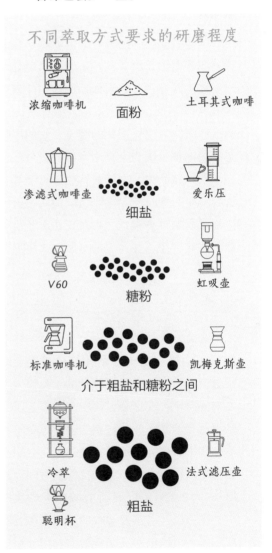

不同萃取方式要求的研磨程度

浓缩咖啡机　面粉　土耳其式咖啡

渗滤式咖啡壶　细盐　爱乐压

V60　糖粉　虹吸壶

标准咖啡机　介于粗盐和糖粉之间　凯梅克斯壶

冷萃　粗盐　法式滤压壶

聪明杯

慢咖啡是过滤式咖啡

　　缓慢、细心地萃取咖啡的方式有很多种。每位咖啡行家都以个人喜好为荣。我们在此向你介绍最常用的几种方式，以及它们的风味特点。过滤式咖啡可以分为两大类：**浸泡式和滴滤式。**

浸泡式

　　这是目前已知的最古老的咖啡萃取方式。在容器里将磨碎的咖啡和热水混合，然后浸泡几分钟。之后依据所使用的萃取方式，以不同的方法把沉淀物与液体分离：你随时可以饮用你的咖啡，它的风味坚实而浓郁，因为咖啡中所有的成分都留在了这杯饮品中。例如在饮用"土耳其式咖啡"时，你只能等咖啡渣沉淀后，再小心地举起咖啡杯啜饮。不过现在有了进化版的方式，让这种简单的萃取方式更加便于饮用。

滴滤式

　　这类方式需要你使用填装了研磨咖啡粉的过滤器。把热水倒在咖啡粉上，水浸透咖啡粉，再通过过滤器的小孔流入下方的容器中。在这个过程中，水带走了咖啡里所有的香气成分。水全部渗过咖啡粉后，咖啡渣会完整地留在过滤器里。你也可以精准地决定水与咖啡接触的时间：这取决于倒水的速度和研磨的粗细度。所以，你可以自己掌控咖啡的风味。为了萃取均匀，请确保水在咖啡粉上均匀分布。

咖啡笔记

像专业人士那样倒水

18克研磨咖啡粉，配324毫升水，可以萃取出一壶美味的咖啡。关于研磨程度，请参阅上文的"研磨"章节，依据你所使用的咖啡萃取系统调整。你可以以324毫升水约3分钟的过滤时间作为标准。不过也没必要掐表。**慢咖啡，就是让时间来完成工作。**

水壶：请使用壶嘴为天鹅颈状的水壶。这种可爱的水壶可以让你更好地控制倒水的过程，让水均匀地分布在咖啡粉上。这对于获得均匀的咖啡萃取，以及力求精进把水倒入过滤器中的技术的人来说，是必不可少的。

具体操作：

•把滤网放入过滤器。如果使用的是滤纸，请先用热水冲洗滤纸。

•把水放在水壶里煮一会儿，让水中可能存在的水垢沉淀。把水壶慢慢端到带过滤器的咖啡壶旁。这样可以让沸腾的水温度降低几度，而你开始往过滤器中倒水时，水刚刚停止沸腾（88~93℃）。

•把少量的水均匀地倒在咖啡粉上，让其**闷蒸**。热水会释放出研磨咖啡粉里天然含有的二氧化碳，从而增加咖啡的体积。

接着绕圈倒水，直至过滤器中的咖啡体积翻倍。

•等半分钟，直到闷蒸后的咖啡体积不再增大。毕竟在这个阶段，热水不容易流动，因为让咖啡膨胀的气体正在把水向上推。

•之后进入**渗透**阶段：热水浸透咖啡颗粒的过程。不间断地将水倒在过滤器里的咖啡粉上，但动作尽量轻柔，分布尽量均匀，以便水可以接触到所有咖啡粉，为下一阶段做好准备。

•下一阶段即**萃取**。现在热水已经吸收了咖啡颗粒里的香气和风味成分，并将其溶于水中。水温决定了萃取的强度和速度。把水倒在研磨咖啡粉上的方式也起到一定的决定作用。因此你必须尽可能照顾到过滤器中的所有咖啡颗粒。记得时不时用水浇一浇过滤器的侧壁，让"高处"那些"干燥"的咖啡颗粒重回底部的咖啡粉床上。

同一位置的渗透会耗尽这个位置的咖啡粉的味道，让咖啡的风味欠佳。萃取速度太慢则会导致咖啡风味太强烈，变得苦涩。

所谓像专业人士那样倒水，就是把水分布在研磨咖啡粉上，在"足够快"和"足够小心"之间，保持微妙的平衡。

重力会完成接下来的工作，并让萃取后的咖啡提取物落入咖啡壶里。现在，你可以享用美味的咖啡了……

过滤器

当咖啡刚开始流行的时候，也就是在 17 世纪时，人们萃取咖啡的方式和阿拉伯人做咖瓦（qahwa，意为"令人兴奋的"）是一样的：把研磨咖啡粉放进壶里，再倒上热水。这就是整个程序。不过在 20 世纪初时，女士们已经认为咖啡杯底部的咖啡渣不太好喝了。一位来自德国的女士梅利塔·本茨（Melitta Bentz），从她儿子的笔记本里撕下一张纸，把它放在筛子上，再让咖啡流过筛子：杯里没有咖啡渣了。她立刻把这项发明变成了一桩生意，著名的**咖啡滤纸**就此诞生。如果你要萃取一壶体积为 1 升的咖啡，请使用大尺寸的滤纸，以便在闷蒸后，还可以长时间倒水。

我们的祖母和曾祖母们已经在使用一种亚麻布袋过滤咖啡，即臭名昭著的"咖啡丝袜"。幸好这东西现在已经从我们的厨房里消失了。但是某些新的萃取系统又会重新使用**纺织品过滤器**。**金属过滤器**（铝制的）会被咖啡氧化，从而对咖啡的风味产生不良影响。我建议你使用不会生锈的过滤器（不锈钢制的），或者镀金的，前提是过滤器的滤孔足够细。这些材料对咖啡风味比较有利，但你通常需要调整研磨度（较粗）。浓缩咖啡机里的过滤器通常是不锈钢的，滤孔超小。**尼龙过滤器**完全不能用，因为它们总是留着之前萃取的咖啡的陈旧味道，会破坏新鲜萃取的咖啡的风味。

滤杯也是很重要的！在使用那种过滤器架在咖啡杯或者咖啡壶上的咖啡萃取系统时，你需要一个滤杯来放置过滤袋。请选择瓷质、玻璃或不锈钢的滤杯，避免使用塑料或铝制的滤杯。因为后者会磨损或氧化，并会随着时间的流逝散发出陈旧咖啡的味道，破坏新鲜萃取咖啡的风味。

滤纸：

⬆ 你想倒出清澈的咖啡吗？那么滤纸就是理想的过滤器。滤纸可以过滤掉所有的咖啡渣，适用于各种咖啡萃取系统，而且随处可以找到。滤纸也可以让咖啡中保留更多易消化的成分，即咖啡油或胶质。滤纸有漂白纸和未经漂白纸两种。

⬇ 滤纸已经经过处理，以使其尽可能多孔，便于渗透，但咖啡中的胶质也是香气的载体。滤纸会滤下胶质，导致咖啡风味的损失。未经漂白的滤纸有明显的纸张味道，使用前用水冲洗可以减少这种味道。一张滤纸只能用一次。

金属过滤器：

⬆ 如今大多数金属过滤器都由细金属网组成，咖啡可以很好地渗透过去。微量的咖啡成分也会进入萃取液中，让你的咖啡更有质感，同时增加了醇厚度和风味。金属过滤器易于清洁和重复使用，所以与滤纸相比，更加可持续和环保。

⬇ 咖啡有些浑浊，杯子里可能会有沉淀物。

纺织品过滤器:

⬇ 因为在最近的咖啡过滤系统中, 纺织品过滤器再次出现了, 所以我在这里也说一下棉布过滤器。不过我并不赞成使用这种过滤器。咖啡油会留在过滤器里, 留下越来越糟糕的咖啡味道。你可以把它和变酸的黄油相比。你必须始终确保这种过滤器的清洁, 以免留下之前咖啡的陈旧味道, 影响下一杯咖啡的风味。每次使用后, 你都得清洗这类材质的过滤器, 把它冲洗干净后, 再放入装着水的密封容器里, 放进冰箱里保存。下次使用前, 要先将其煮沸。但我觉得, 谁会做这种事情呢……

⬆ 纺织品过滤器确实是可以重复使用的。如果你能严格确保这种过滤器的清洁, 就能得到芳香四溢、风味十足的咖啡。

咖啡壶

单杯过滤器

这是一种典型的越南滴漏壶, 非常适合独自饮用咖啡, 又想要自己制作真正的慢咖啡的饮用者。直接架在咖啡杯上的金属过滤器、美味的咖啡和热水, 这就是你所需要的全部物品。请远离超市里那些塑料制的预先包装好的单杯过滤器: 里面的咖啡早就变质了。

研磨程度: 粗盐 (参见第 105 页 "研磨" 表)

用量: 12 克咖啡粉 (=1 勺) 配 150 毫升水 (=1 咖啡杯)

具体操作:

• 把咖啡豆研磨得较粗, 然后倒入过滤器。

• 用热水冲洗咖啡杯, 然后把过滤器架在上面。

•倒入刚刚煮沸的水，并盖上盖子，这样水在渗透咖啡粉时可以保持温度。

•之后取下过滤器，放在托盘上。

你现在可以立即享用这杯咖啡。单杯过滤器意味着把真正新鲜的咖啡端上桌。普通研磨程度的咖啡粉，或者研磨过细的咖啡粉，会让水的渗透变慢，导致咖啡过度萃取，产生杂味。银质的单杯过滤器充满怀旧感，但会对咖啡的风味产生不良影响。我建议你使用不锈钢或者玻璃的过滤器。优点：永远新鲜的咖啡，芳香，风味饱满。

凯梅克斯壶（Chemex®）

这种精致的沙漏形状的咖啡壶，是一套完整的咖啡萃取系统，1941年由一位化学家发明。它的上部是一个滤杯，里面可以放入一张像折纸一样折叠的滤纸，下部则是用于倾倒的水壶。两者之间有一根皮绳，捆住木质手柄。

研磨程度：糖粉，或者标准的商店研磨度（参见第105页"研磨"表）。

用量：18克咖啡粉配324毫升水。

具体操作：

•展开凯梅克斯壶专用的折纸滤纸，然后把滤纸插入壶的上部。

•下面请开始实践**"像专业人士那样倒水"**这一部分的内容。用凯梅克斯壶为你的朋友萃取咖啡是很酷的，它是你身为咖啡极客的证明。你还可以提一提，这种咖啡壶已经被纽约现代艺术博

物馆永久收藏。不过更重要的是用凯梅克斯壶萃取的咖啡：明亮、柔和、风味饱满，香气四溢。

真空咖啡壶，康那壶（Cona）或者虹吸壶

这类咖啡壶名字很多，仿佛是刚从实验室里跑出来的，不过其实从1830年起，人们就在用这类咖啡壶萃取明亮、美味的咖啡了。

研磨程度：介于粗盐和糖粉之间，或者标准的商店研磨度（参见第105页"研磨"表）。

用量：18克咖啡粉配324毫升水。

具体操作：

•如果使用的热源是酒精灯，请往底部的玻璃球里加入冷水或者预热过的水。然后把郁金香形状的玻璃罐放在玻璃球上。

•把研磨好的咖啡粉装进郁金香玻璃罐。

•点火，把酒精灯放在玻璃球下。随着温度上升，水会逐渐升入郁金香玻璃罐里。

•在郁金香玻璃罐里，水会和咖啡粉混合。等全部的水都进入郁金香玻璃罐后，稍加搅拌。这样咖啡粉和水混合得更加均匀，咖啡风味也更加平衡。再用文火煮几秒钟，以便从底部的玻璃球里吸出所有的空气，这就是抽真空。

•现在移开火源，由于底部的玻璃球已经是真空状态，所以咖啡萃取液会

通过中间的过滤器，重新回到玻璃球里。

• 取下郁金香玻璃罐，放进钟形玻璃罩里。底部的玻璃球现在就是用于倾倒的咖啡壶。

使用真空咖啡壶，不仅能做出风味饱满的咖啡，也能在餐桌上好好炫一把技。此外，这也是一种极好的晚餐后咖啡的萃取方式。为了保持咖啡的温度，请在萃取后立即把它呈给饮用者，因为玻璃罐无法长时间保温。还有，如前所述，如果过滤器是亚麻的，请在使用后彻底清洁它。**优点：**由于结合了浸泡（水和咖啡粉在顶部的郁金香玻璃罐里混合）和过滤（咖啡在压力下，通过过滤器被吸入底部），所以咖啡风味很好。真空壶还提供了一种深受客人们喜爱的精致的咖啡萃取方式：既取悦了他们的舌头，也取悦了他们的眼睛。不过这种咖啡壶需要小心保养。

咖啡壶上的过滤器

原本在我们所生活的地区，人们只知道美乐家（Melitta）这是一种架在咖啡壶上的滤杯，以及同品牌的滤纸。它们对于我们来说，就是过滤咖啡的全世界。最近几十年，市场上出现了这么多可与美乐家相提并论的萃取系统，它们往往是从东方来的，它们的滤杯和随附的滤纸，看起来总是能提供不同的咖啡风味。它们有一个共同点：把过滤器放在咖啡壶上，或者直接放在咖啡杯上，然后把热水倒在研磨咖啡粉上。我在这里列举一下其中最流行的几种：

Hario® V60：一家日本的耐热玻璃厂家生产了这种60°角（其名称的由来）的V形滤杯。Hario在日语里的意思是"玻璃之王"。玻璃是萃取咖啡的理想材质。这种滤杯可以使用经典的滤纸。与标准的过滤方式相比，这种萃取方式制作的咖啡醇厚度看起来更高。

卡利塔波浪滤杯（Kalita®Wave）：也来自日本，是一种比较宽的滤杯，底部是平的，可以直接放在咖啡杯上。这种滤杯的底部有三个小孔，可以帮助萃取均匀地进行。这种滤杯有不锈钢的、玻璃的和陶瓷的：都是制作完美咖啡的优质惰性材料。这种萃取方式制作的咖啡，醇厚度很高，香气充分。

以上这两种萃取方式所需的**研磨程度：**介于糖粉和细盐之间（参见第105页"研磨"表）。

聪明杯（Clever® C Dripper）：来自中国台湾地区，结合了浸泡与滴滤两种方式。实际的萃取主要发生在浸泡阶段。过滤器由耐热塑料制成，顶部有一个盖子，底部有一个切断阀。你只需把咖啡装入过滤器，和阀门一起放在厨房的台面上，然后按照**"像专业人士那样倒水"**这一部分的描述往过滤器里倒入全部热水。接着盖上滤杯的盖子，让咖啡萃取2～3分钟（即**浸泡**过程）。之后把聪明杯放在咖啡壶或者咖啡杯上，切断阀会打开，咖啡则会经过过滤器，流入下面的容器。尽管这种萃取方式大部分是浸泡式的，但最终的成品里没有咖啡渣，而且醇厚度高，风味饱满。这种过滤系统的所有部件都可以放入洗碗机中彻底清洗。对我个人而言，唯一的小缺点是，这种滤杯是用（耐用）塑料做的。经验告诉我，所有的塑料制品都会随着时间的流逝变质，表面充满孔隙，并留下陈旧的味道。

研磨程度：介于粗盐和糖粉之间（参见第 105 页"研磨"表）。

如果是把过滤器直接架在咖啡杯上，请用 10 克咖啡粉配大约 180 毫升的水。如果是架在咖啡壶上，请用 18 克咖啡粉配 324 毫升水。

电动滴滤咖啡机

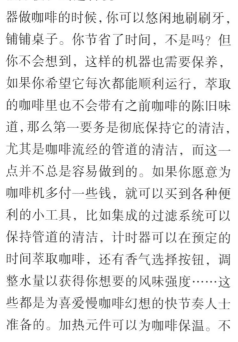

谁家厨房里还没有一台电动滴滤咖啡机呢？它确实很方便，当这台机器做咖啡的时候，你可以悠闲地刷刷牙，铺铺桌子。你节省了时间，不是吗？但你不会想到，这样的机器也需要保养，如果你希望它每次都能顺利运行，萃取的咖啡里也不会带有之前咖啡的陈旧味道，那么第一要务是彻底保持它的清洁，尤其是咖啡流经的管道的清洁，而这一点并不总是容易做到的。如果你愿意为咖啡机多付一些钱，就可以买到各种便利的小工具，比如集成的过滤系统可以保持管道的清洁，计时器可以在预定的时间萃取咖啡，还有香气选择按钮，调整水量以获得你想要的风味强度……这些都是为喜爱慢咖啡幻想的快节奏人士准备的。加热元件可以为咖啡保温。不

过最好不要长时间为咖啡保温，否则咖啡会发酸和（或者）产生焦味。这种电动自动咖啡机萃取的过滤式咖啡往往风味较为模糊和单调。不过对于缺少时间或者仪式感的咖啡饮用者而言，这不失为一种不错的折中方案。

性感爱娃：Eva Solo 玻璃咖啡瓶

这种咖啡瓶做起慢咖啡来毫不费力，再简单不过。

在使用这种咖啡瓶萃取咖啡时，你采用的是传统的浸泡式方法，不过用的是现代的玻璃咖啡瓶，而且这个瓶子还穿着一件性感的带拉链的氯丁橡胶外套。这件外套可以让咖啡以非常自然的方式保持温度。瓶子的容量是 1 升，倾倒口很方便，上面有盖，在倒水时会自动打开：100% 防漏，而且倒出的咖啡在杯中仅有少量沉淀。如果你把咖啡静置一会儿再小心倒出，那杯里的沉淀真的会很少。玻璃制的瓶身、过滤器和塞子都能用洗碗机清洗，杯套则可以手洗。

研磨程度：介于粗盐和糖粉之间（参见第 105 页"研磨"表）。

用量： 18 克咖啡粉配 324 毫升水。
具体操作：
• 把咖啡粉用勺子舀进咖啡瓶。
• 把刚刚煮沸的热水（温度在 88 ~ 93℃）倒在咖啡粉上，并搅拌。
• 把带有切断阀的过滤器放在咖啡瓶上，并让咖啡萃取 4 分钟。
• 从带有切断阀的瓶子里把咖啡倒

出：带拉盖的盖子会在倾倒咖啡时自动打开。

用 Eva Solo 玻璃咖啡瓶萃取的咖啡醇厚度高，带有宜人的质感，风味极为丰富。咖啡没有损失任何的风味，也没有任何外界因素干扰了咖啡原本的风味。对于我们之中的纯粹主义者而言，这种设备唯一的小缺点是，萃取的咖啡略微有些浑浊。

法式滤压壶

法式滤压壶有很多种名称：Cafetière〔译注：（带有滤网的）咖啡壶〕、Plunger（译注：活塞）、bistro（译注：小饭馆）壶或者 French Press（译注：法式按压壶），因为在世界上很多不同的地方，这种咖啡萃取系统都很流行。它和上面所说的性感爱娃一样，都是一种简单的浸泡式萃取系统，不过在使用过滤器时，你也需要施加一定的压力，以压出咖啡的风味。过滤后你必须立即倒出咖啡，以免萃取时间过久。因为长时间萃取后，咖啡会释放出更多苦味。这种萃取系统的各个零部件也都能拆开，并放入洗碗机清洗。

研磨程度： 粗盐（参见第 105 页"研磨"表）。

用量： 18 克咖啡粉配 324 毫升水。

具体操作：

•用沸水冲洗玻璃壶，装入研磨得较粗的咖啡粉。

•把刚刚煮沸的热水（温度在97~99℃）倒在咖啡粉上，咖啡粉会浮在表面。

•小心地盖上盖子，让混合液萃取4分钟。

•之后稍微搅拌一下。这可以释放出咖啡粉里天然含有的二氧化碳，便于过滤。

•缓慢地下压过滤器。这样为咖啡过筛，并将咖啡渣留在玻璃壶的底部。

•即刻饮用咖啡。

这种萃取方式也会为你做出风味饱满而复杂的咖啡。如果你能在萃取后立即饮用，那么杯中的咖啡堪称完美：密度良好，还有薄薄一层泡沫。当然这一切的前提是，你的咖啡粉研磨程度要符合要求。如果研磨得太细，咖啡粉会通过过滤器上的滤孔，让咖啡变得过于浑浊，并且在杯里留下咖啡渣。萃取好的咖啡在玻璃壶里很容易冷却，所以一定要尽快端上桌饮用！

爱乐压（AeroPress®）

这种时新的浸泡式咖啡壶声称"在理想条件下萃取咖啡，即正确的温度、完全浸泡和快速过滤"。相当多的咖啡潮人则对此深信不疑，因为这种小巧轻便的咖啡壶不仅在厨房中很实用，而且也可以方便地被带去办公室或者露营时使用。你在使用时会用到纸质的或者金属的滤片，这样咖啡杯里几乎不会有咖啡渣。这种咖啡壶的工作方法类似于法式滤压壶（浸泡加按压），获得的咖啡也同样芳香四溢、醇厚度高、酸度较低。它的所有零件都易于清洁，不过爱乐压的制作材料——塑料，仍然是它的小缺点。

研磨程度: 细盐（参见第105页"研磨"表）。

Trinity ONE

这是一款速度最慢，但全能的咖啡壶。这种令人印象深刻的设备集三种咖啡萃取方式于一身:**过滤、浸泡和按压**。它设计时彻底思考了不同的步骤和各自的需求。这台设备价格不菲（几百欧元），不过它的设计目的确实是便携，而不是用于厨房中。

它的支架是坚固耐用的框架，由不锈钢和美丽的木材（黑胡桃木）制成。

– 滤芯的材质是 Tritan® 共聚酯，一种非常耐用的材料，不含 BPA（BPA=双酚 A，一种破坏激素的物质），可以承受压力和高温。

– 用于浸泡咖啡的过滤器是一种便捷的旋入式过滤器，带有内置的流量控制器。它的设计让咖啡渣无法随着液体流动，从而让使用者能够获得纯净的咖啡。

– 压棒同时也充当了盖子，它非常重（2.25千克），以至于它本身就可以自动完成所有的加压工作，无须你帮一点儿忙。凭借其重量，它会以恰到好处的速度（合理的缓慢速度）向下按压咖啡。得益于你在 Trinity ONE 设备中使用的萃取系统，你每次都会获得大量的

咖啡香气、最饱满的风味、充分的炫技和满满的仪式感。无论是和朋友一起，还是独处时，都能获得幸福的咖啡时光……

我们使用 Trinity ONE 制作冷萃咖啡，食谱参见第126页。

研磨程度: 细盐（参见第105页"研磨"表）。

摩卡壶

这种壶你在每个意大利人的厨房里都能找到，有各种尺寸、各种重量。其中最有名的家用品牌是比乐蒂（Bialetti），标志是八角形的铝制罐身。不过你最好还是使用不锈钢制的，铝会氧化，破坏咖啡的风味，而且不健康。有了摩卡壶，你可以在几分钟内，用炉子加压的方式获得强劲的咖啡，咖啡会带着泡沫，从这种壶里出来。

研磨程度: 细盐（参见第105页"研磨"表）。

用量: 一杯咖啡需要10克咖啡粉，配80～100毫升的水。

具体操作:

• 把磨得很细的咖啡粉，放入定量的过滤器里。

• 把咖啡粉按平，让水可以均匀分布在咖啡粉上。把过滤器的边缘擦拭干净。

• 用预热过的约80℃的水，加满浓缩咖啡壶的下半部。这可以防止在煮咖啡时把咖啡煮煳。

• 把过滤器安装在咖啡壶的下半部，架上咖啡壶的上半部并旋紧。

- 把咖啡壶放在中火上加热。
- 底部的水被煮沸后，蒸汽在压力作用下通过过滤器中的咖啡粉和细管，流向壶的上半部。
- 大约一分钟后，把浓缩咖啡壶从火上移开，让咖啡继续焖煮一会儿，直到所有的咖啡都通过细管流入壶的上半部。
- 将咖啡倒入小杯中，你得到的是强劲的浓缩咖啡。请注意，不要用太热的水（要用预热后略微放凉的水），也不要在火上煮得太久，否则咖啡会太苦。

浓缩咖啡机

这种机器当然是慢咖啡的反义词：espresso（译注：浓缩咖啡）是意大利语，意为"快速的"。不过，由于这种萃取咖啡的方式已经成为我们的餐饮业和许多家庭厨房里必不可少的部分，所以我还是想说说它。除了咖啡吧的专业浓缩咖啡机，现在也有适用于家庭使用的户外或室内机型。在购买时，请注意购买方便调节水温和压力的机器。理想的选择是购买可以填充咖啡豆的机型。这样，每次萃取咖啡时，使用的都是正确的用量和正确的研磨度，成品自然最新鲜不过。

如果填充的是研磨咖啡粉：

研磨程度：极细，近似面粉（参见第 105 页"研磨"表）。

正确的研磨程度对于使用浓缩咖啡机而言至关重要。

用量：一杯咖啡需要 7 克咖啡粉，配 80 ～ 100 毫升的水。

具体操作：

- 把磨得很细的咖啡粉，放入定量的过滤器里。
- 把咖啡粉按平，让水可以均匀分布在咖啡粉上。把过滤器的边缘擦拭干净。
- 把过滤手柄装入咖啡机。
- 把预热过的咖啡杯放在咖啡机的出水口下。
- 选择所需的程序并按下按钮，如果是某些传统的机型，就向下拉操纵杆。
- 取出装满咖啡的杯子，并把它端上桌。这种咖啡萃取方法依据的原理是**压力注入**：热水在压力下，被压着渗过咖啡粉。成品：一杯吸引人的强劲咖啡。

这种机器需要完美的维护：**定期除垢**，彻底清洁过滤器和手柄，检查泵和热水器的压力值……理想的标准是：

热水器压力：1 巴（bar）

泵压力：9 个标准大气压（atm）或约 9 巴

除此之外，咖啡的研磨程度和用量也非常重要。如果萃取太快（15 秒钟），咖啡就没有"奶泡层"——咖啡油脂（crema），风味上也会丧失力度（没有醇厚度）。如果萃取太慢（50 秒钟），你会得到一层薄薄的泡沫，这层泡沫是深棕色的，很快就消失了，咖啡的味道几乎像是烧煳了。

咖啡笔记

浓缩咖啡的术语

　　走进一间咖啡店，拿起菜单：你会被一系列没办法立刻弄明白的术语所震撼。浓缩咖啡是许多咖啡的基础，也是你通常能在咖啡店的菜单上找到的饮品。让我们一起弄明白，你到底在喝些什么吧。

浓缩咖啡（ESPRESSO）：

　　浓缩咖啡机做出的一小杯强劲的咖啡（30毫升）。它的顶部有薄薄一层均匀的浅棕色泡沫，即咖啡油脂。

双份浓缩咖啡（DOPPIO）：

　　双份浓缩咖啡，往同一个咖啡杯里，连续萃取两杯单份的浓缩咖啡，带有咖啡油脂。

超浓咖啡（RISTRETTO）：

　　15毫升左右的浓缩咖啡，带有咖啡油脂，咖啡的用量和萃取普通的单份浓缩咖啡是一样的，但用水量只有后者的一半。风味超级强劲。

咖啡油脂（CREMA）：

　　浓缩咖啡上那层浅棕色的泡沫，通过它可以了解这杯咖啡的一切信息。完美的浓缩咖啡的咖啡油脂颜色是很浅的，色泽均匀，可以持续存在一段时间。通过它你就能知道，使用的咖啡很新鲜，没有被过度烘焙，但焦糖化程度足够。

份（SHOT）：

　　一杯浓缩咖啡的量。所以，一杯双份浓缩咖啡就是2份。

LUNGO咖啡（CAFÉ LUNGO）：

　　一杯45毫升的浓缩咖啡，也就是我们这里的标准咖啡杯的容量。咖啡粉的用量和普通的浓缩咖啡一样，但因延长了萃取时间，水更多了。

美式咖啡（CAFÉ AMERICANO）：

　　萃取完一杯浓缩咖啡后，再往里加入一定量的热水。美式咖啡和Lungo咖啡不同。制作美式咖啡时，热水会溶解咖啡油脂，咖啡的风味也会变淡。这种咖啡诞生于第二次世界大战期间，当时身处意大利的美国士兵，通过往浓缩咖啡里加水，来找回一点家的味道。

拿铁咖啡（CAFÉ LATTE）：

　　浓缩咖啡，加入少量（热）牛奶。

可塔朵咖啡（CAFÉ CORTADO）：

被少量热牛奶"切开"（cortado来自西班牙语的cor-tar，意味"切割"）的浓缩咖啡，牛奶量是咖啡量的一半。最初这种做法是为了中和（质量欠佳的）咖啡的苦味。

咖啡欧蕾（KOFFIE VERKEERD）：

杯里一半是强劲的过滤式咖啡或者浓缩咖啡，另一半则是热牛奶。

卡布奇诺（CAPPUCCINO）：

顶部有很多奶泡的浓缩咖啡，装在较大的杯子中。理想的卡布奇诺，三分之一是浓缩咖啡，三分之一是打发奶，还有三分之一是奶泡。这层奶泡充当了咖啡的隔热层，使咖啡可以更长时间保温。完美主义者有时会要求干卡布奇诺，他们的意思是，希望杯里的奶泡比打发奶更多。

拉花（LATTE ART）：

熟练的咖啡师（请参阅下文）会在卡布奇诺的奶泡上制作各种图案。心形是最受欢迎的。拉花是一门真正的艺术，如果以一定的方式把起泡的牛奶倒入咖啡，才不会让牛奶的比重过大，让你在品尝时首先喝到的仍然是咖啡。奶泡上的图案就像蛋糕上的草莓，需要一些技巧和创造性的灵感。

玛奇朵（MACCHIATO）：

这个词的字面意思是"斑点咖啡"。把一杯浓缩咖啡倒进一个小杯子里，加入少量牛奶，再在表面倒上一团奶泡，以区别于浓缩咖啡。玛奇朵比卡布奇诺的风味更加饱满，也更浓烈，因为玛奇朵的量较少，使用的牛奶也较少。

拿铁玛奇朵（LATTE MACCHIATO）：

这种咖啡的重点在于牛奶，所使用的一份浓缩咖啡是后加进去的。牛奶层和咖啡层必须清楚地分开，所以拿铁玛奇朵一般都装在玻璃杯里，上面还会加上一层奶泡。

罗马式浓缩咖啡（ESPRESSO ROMANO）：

一份浓缩咖啡，加上一块柠檬皮，再加糖。流行地点嘛，当然是罗马。

咖啡师（BARISTA）：

浓缩咖啡机背后的艺术家，可以完美呈现各种萃取咖啡的方式。如今的咖啡师不再仅仅局限于萃取浓缩咖啡，他们对慢咖啡也了如指掌。

胶囊咖啡机

一些跨国咖啡公司发明了胶囊咖啡机，起初这种机器只能使用自己品牌的胶囊。它创造了一种方式，即你在家就可以用既简单又快速的方式制作一杯浓缩咖啡，而且味道和最熟练的咖啡师所做的一样好。为了创造出尽可能大的销售额，所以这些咖啡公司生产的胶囊，风味必须尽可能满足大多数消费者的平均口味。也就是说，不能太特别。这种机器做出来的每一杯咖啡，味道都必须是相同的。

市面上也有不少便宜的机器，用的是"一次性咖啡粉包"或者"一次性咖啡粉盒"（比如 Senseo 牌）。这种机器做出来的咖啡上面确实有一层泡沫，但这层泡沫和真正的浓缩咖啡油脂没太大关系。咖啡本身其实是在低压力下做出的过滤式咖啡，足足一大杯，通常味道寡淡，几乎没有香气。尽管如此，你如果好好选择咖啡品牌，也还是能买到一些美味的咖啡的。

贵一点的机器用的是"小杯子"（比如雀巢的 NESPRESSO），可以制作小杯的咖啡，这样做出的咖啡就更浓缩。在这些"小杯子"里，你可以选择各种拼配咖啡或者原产地咖啡，不过这也意味着，各种咖啡的风味水平参差不齐。同样的：请选择真正使用上乘咖啡的品牌。

无论是哪种胶囊咖啡，单份咖啡的过度包装都值得人们思考。一次性咖啡粉包、一次性咖啡粉盒和咖啡小杯子的"碳足迹"都很高，而且单价都挺贵的。

在大城市里逛了一天街后，我走进一家咖啡店，想给自己来一杯"强心剂"。当我在手机上查看地图时，隐约听见了隔壁客人点单的声音。

"请给我一杯榛子脱因咖啡，加脱脂豆浆。"一位三十多岁的女士说。她一头金发，鼻梁上架着名牌眼镜。服务生眼都不眨地记下了她的点单，并准确无误地传递给吧台。在我身旁坐着的是一位打扮时髦花哨的男士，他的胡须修剪得很整齐，穿着修身牛仔服、紧身上衣和背带裤。他点的是"venti"（译注：超大杯）的焦糖咖啡，加上"玛奇朵"牛奶和一坨奶油。两位头发直立的少年坐在吧台边，点的都是"法布奇诺"。

我的耳朵嗡嗡作响，连忙伸手去看菜单。我现在是在地球上吗？这里还是那座比利时法兰德斯地区的小城市吗？这些人都在说什么呢？

一位年迈的女士带着无数购物袋，恰好在我前面进店，她帮我回到了现实中。面对服务生职业性的提问："您想要点什么？"她只是叹了口气说："我只需要一杯咖啡。就给我你们店的拼配咖啡吧。"

"本日拼配咖啡，还是普通的拼配咖啡？"服务员继续问道。

"那都是什么？"

"本日拼配咖啡是哥伦比亚咖啡加墨西哥咖啡，普通拼配咖啡是苏门答腊咖啡。"

"就普通的吧。"

"大杯吗？过滤式咖啡还是浓缩咖啡呢？"服务生坚定地继续问。

我很高兴地看到，这位女士也惊讶地抬头看着他。难道这趟"咖啡竞猜"还没做完？

"你想要大杯吗？"服务生再次冷静地问，并指了指一叠纸杯，接着平静地问："过滤式（边问边指向一台大型咖啡机）还是浓缩咖啡（他的手指继续冲着吧台的方向，这次指的是浓缩咖啡机）？"

"过滤式吧。"

"超大杯，普通还是超浓咖啡？"

那位女士的眼里写满了问号，她的耐心也耗尽了。

"随便你吧！"她大声喊道，双手拍在铝制桌面上。

此时我也开始流汗了。我还在纠结于那些榛子、覆盆子或者苦杏酒风味等可能要出现在我杯子里的威胁。然而服务生肯定马上会问，是否要三倍半脱因，是否要无糖，是否要加无泡沫的脱脂奶。那个手里拿着小本子，脸上永远挂着微笑的年轻人正在向我靠近。我是该实话实说，还是赌一把？

我决定实话实说。

"我就想要一杯好喝的咖啡，最好是浓缩咖啡，量别太少，不加任何东西。"服务生的眼睛眯成了一条缝，眉头深深皱起，笔尖停留在小本子上。如此简单和清晰的语言让他猝不及防，他犹豫了片刻，然后请我稍等。他赶紧去找咖啡师，也就是吧台后面的那个女孩，她受过专门的训练，可以做出所有疯狂的咖啡。她有些犹豫地耸了耸肩，不过随后还是点头表示她能搞定我的要求。店里的收银员显然问题更大，他的食指划过大型机器上所有的彩色按钮，随着时间推移，越发坚定地摇头说"不"。他们叫来"楼层经理"，进行了必要的协商后，指派服务生重新来找我。

"很抱歉，"服务生说，"我们没办法输入您的订单，收银机上没有对应的代码。您真的不想往里面加点什么吗？我马上就能给您送来。"

"那就来一小壶牛奶吧！"我妥协了。

我看见他张开嘴，想问要小罐还是大罐、滚烫还是温热、加可可还是肉桂粉……不过这次他学乖了，吞下了所有的问题，接下了我这个"困难的"点单。

冰咖啡和冷萃咖啡

作为咖啡迷，即使是炎炎夏日，你肯定也想要畅饮最爱的饮品，不过冰爽的长饮可能才是真正符合你此时口味的饮品。解决办法：冷咖啡。

冰咖啡

把咖啡制成冷饮的最简单方法是：以经典方式萃取过滤式咖啡，待其冷却后，倒进装着冰块的大玻璃杯。重点是要把咖啡萃取得很浓，因为之后的冰块会稀释它的味道。请使用芳香、柔和的咖啡，否则您将得到苦涩而刺激的冰咖啡。

你也可以把过滤式咖啡用冰模冻成冰块，替代冰咖啡里的冰块。这样你的咖啡就不会被稀释，不过在这种情况下，就不必特意把咖啡萃取得很浓了。

冷萃咖啡

这是一种很慢的制作冷咖啡的方式，不过不会让咖啡变浓或者变苦。当然，你也需要使用优质、柔和、醇厚度高、酸质平衡的咖啡，因为冷萃咖啡的浸泡时间非常长（12～24小时），这期间会释放出许多咖啡的风味。基本的做法貌似很简单：将研磨咖啡粉和冷水混合，然后将其浸泡在密闭的罐子里。使用法式滤压壶会比较方便，因为内置的过滤器可以在长时间的浸泡后滤去咖啡渣。

冷萃咖啡有一种复杂的变体，叫作**冰滴咖啡（Ice Drip Coffee）**，也被称

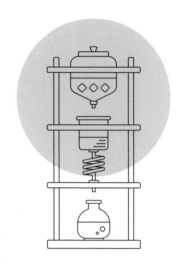

为**京都咖啡（Kyoto Coffee）**或者**荷兰咖啡（Dutch Coffee）**。

制作这种咖啡有专门设计的咖啡机，类似于化学实验室里的装备。在这种咖啡机里，冰水非常缓慢地滴在研磨咖啡粉上。一滴一滴的冷水在咖啡粉里缓缓渗透，需要不少时间：大约24小时。专家们声称，通过这种冷水缓慢滴下的过程，最终的饮品里只会带有最佳甚至是最复杂的咖啡风味。

在"Part 08 享受咖啡，以及更多美食"章节，你可以找到冷萃咖啡的详细制作指南。

一杯美味咖啡的秘密是什么？

1.家中储备的咖啡要尽可能新鲜，不要储备太多。

2.把咖啡储存在干燥、不太热的地方。不要把咖啡储存在灶台上方的橱柜里，应该把它储存在干燥凉爽的地方，并远离厨房里所有的灯具。

3.使用高品质的物品：既包括高品质的咖啡，也包括高品质的磨豆机和萃取设备。为了未来愉悦的咖啡时刻，这些投资是值得的。

4.萃取咖啡前再研磨咖啡豆，是点睛之笔。

5.使用开水（刚刚煮开的）和好的萃取方式。

6.永远不要把萃取好的咖啡煮沸：咖啡煮沸，咖啡全毁！

7.不要把咖啡放在保温瓶里保温。这会使咖啡变酸，甚至咖啡最好的品质也会随着时间的流逝而消失，因为香气和风味载体会在保温瓶中分解，还会让咖啡产生酸味。如果你实在没有别的选择，也请别把咖啡放在保温瓶里超过一个小时。

8.用自然的方式为咖啡保温是比较好的：在使用前用热水冲洗咖啡壶，让瓷壶或陶壶本身变热。

9.如果要买咖啡壶和咖啡杯，请选择瓷器、平滑的陶器（表面不是多孔的）或玻璃器。这些材料可以保护咖啡的香气，尽管玻璃和另外两种材料相比，咖啡喝起来会没那么舒适。

10.保持所有咖啡设备的清洁，从磨豆机到咖啡壶，用清水洗净并擦干，以避免陈旧的咖啡味破坏下一次享用咖啡的乐趣。

有了从本书中所汲取的知识，你最终一定能享用到专业且非常美味的咖啡。但请明白，你不会每次都觉得咖啡很好喝，因为除了明显的身体影响，品尝咖啡也完全会受心理环境的影响。

• 如果你事先已认定，这杯咖啡不会让你觉得好喝，那么它就真的不会好喝。偏见和怀疑是巨大的口味破坏因素。

• 最美味的咖啡在黑暗、不舒服、寒冷和肮脏的环境中，风味会比在亲密舒适的环境中差许多。

• 在你感觉不舒服或疲倦的日子，和你感觉健康精神的日子，咖啡的风味会完全不同。

• 如果你刚刷过牙（牙膏是薄荷味或茴香味的），或者你刚吃了柑橘类水果，喝最好的咖啡味道也会觉得很恶心。

• 如果你喝惯了味道发苦而强烈的咖啡，那么当你第一次喝柔和易消化的咖啡时，你并不会觉得它好喝，只会觉得它寡淡。就像你从一居室搬去了宽敞的别墅，肯定也需要时间来适应居住条件的改善。你需要适应新的风味。

• 饿着肚子时，咖啡尝起来会比你吃饱了再喝时更尖锐。

• 如果你有意识地品尝，尝到的风味也会比不经意饮用时浓烈得多。

享受你的咖啡，
你的知识和你的精心选择，
享受制作咖啡的过程、
咖啡的属性、咖啡时刻
和与亲朋好友的相聚。
花些时间，
顺其自然，
慢慢来……

享受咖啡，
以及更多美食

PART 08

享受咖啡，以及更多美食

冷饮

冷萃咖啡

配料
（2人份）
1升经过过滤的冷水
70克研磨（较粗的）咖啡粉（例如桑托斯柔和咖啡）

-小贴士-
请阅读第114页上，
关于 *Trinity ONE* 咖啡壶的
正确用法。

做法

你可以使用各种罐子或者咖啡壶制作冷萃咖啡，这取决于你家现有的容器，只要这个容器是可以用盖子盖上的。

往梅森罐里倒入 0.75 升冷水，然后加入研磨咖啡粉。接着倒入剩下的冷水，让所有的咖啡粉都没在水中。小心地搅拌，让咖啡粉与水充分混合。

盖上保鲜罐盖子，如果用的是法式滤压壶，请用玻璃纸封闭壶口，或者盖上盖子，同时向上拉起过滤器。这样，咖啡就可以与水保持接触。将罐子放在阴凉处或者冰箱中。

让所有配料"浸泡"12 ~ 18 小时，使咖啡有充分的时间释放出风味。

为了获得清澈的冷萃咖啡，最好过滤两次：

·将咖啡混合液轻轻倒入带有细孔的金属过滤器或粗棉布中过滤，这样可以筛去绝大多数的研磨咖啡粉。

·第二次过滤时请使用滤纸，它可以滤去所有的小颗粒。你也可以一开始便直接使用滤纸，不过滤所有咖啡需要花费更长的时间。

这样你就获得了清澈的冷萃咖啡。加入一些冰块或者冰镇（杏仁）牛奶，就可以享用了。

冷萃咖啡是炎炎夏日的理想饮品，也可以作为咖啡鸡尾酒的基础。

冷饮
咖啡汤力

配料
（2 人份）
200 毫升汤力水

50 毫升极度冰爽的冷萃咖啡

（具体请见食谱第 126 页）

少许冰块（可选）

1 片柠檬或甜橙

做法

咖啡和汤力水的惊喜组合，赋予了这款长饮甜美顺滑的口感，混合着轻柔的柠檬香和淡淡的苦味。饮料中的气泡对最终成品来说至关重要。缺少了气泡，汤力水就如同普通的柠檬水，失去了其标志性的层次丰富的口感。

因此针对这款长饮，我们倾向于选用冷萃咖啡，而非浓缩咖啡。和冷萃咖啡相比，浓缩咖啡中的颗粒和咖啡渣更多。它们会和汤力水中的气泡产生反应，并导致气泡的消失。冷萃咖啡更加清透细腻，更适合加入汤力水。同样，对于冰块而言，如果冷萃咖啡非常冰爽，就不需要在饮料中加入冰块，这样也能够在杯中留下更多气泡。

在高脚玻璃杯或香槟杯中倒入汤力水，然后慢慢倒入冷萃咖啡，最后还可以在杯口放 1 片柠檬或甜橙。

冷饮

咖啡利口酒

配料

（多人份）

250 克浓缩咖啡豆

（例如有机浓缩咖啡）

500 毫升伏特加

3 汤匙香草精

450 毫升水

500 克蔗糖

少许盐

做法

将咖啡豆倒入盛有伏特加和香草精的玻璃罐中，用粗棉布盖住，浸泡 1 个月。把罐子置于阴凉处，但不要放在冰箱里。

浸泡好后，把咖啡豆过滤出来，再把过滤后的液体倒入锅中，加入水、蔗糖和盐，中火慢煮。接着将火关小一点，煨 1 小时，直到锅中的液体变浓稠，但还没有焦糖化。煮的过程中适当搅拌，确保蔗糖不会烧煳。

让煮好的咖啡利口酒冷却，然后把它倒入密封性良好的罐子或瓶子中。这样，不用冰箱也能够存储 1 年。刚做好的利口酒尝起来很甜，但是时间一久，味道就没那么浓烈了，会越来越柔和。因此，在你把它拿给客人们品尝之前，先安心等待几周吧！

冷饮

咖啡白兰地

配料
（2 人份）

2 个橙子

22 颗高品质咖啡豆（例如芳香马拉戈日皮咖啡豆）

1 升纯白兰地

110 克细白蔗糖

1 根香草豆荚

做法

　　用温水仔细刷洗橙子，然后在果皮上钻一些小孔，并把咖啡豆塞进去。将橙子和咖啡豆一起放入玻璃保鲜罐中，并倒入白兰地、细白蔗糖和香草豆荚。盖上盖子密封。

　　将混合物放置在阴凉处，浸泡六周。记得时不时查看一下，并摇晃罐身让糖分溶解。之后，取出橙子并榨汁，将橙汁与白兰地混合。

　　把这种甜蜜的饮料提供给客人，看着他们高兴的脸……

冷饮

万圣节糖浆

这种特殊的糖浆能让您的卡布奇诺或拿铁玛奇朵别有一番风味。

配料

（制作 500 毫升糖浆）

240 毫升过滤水

120 克南瓜泥

120 毫升枫糖浆

少许肉豆蔻

少许盐

少许姜

少许丁香

做法

把所有配料倒入搅拌机中，搅拌 30 秒。

将混合物倒入锅中，中火慢煮，定时搅拌。增大火力至其沸腾后离火。

把糖浆倒入细筛过滤，你可以用刮铲推动糖浆，使其完全过滤。

使用前先摇匀。

为了获得令人惊喜的口感，每杯咖啡可加入 3 勺糖浆。

将糖浆放入冰箱，可保存约 3 个星期。

热饮

椰子牛仔咖啡

"牛仔咖啡"一词可以追溯到人们征服狂野的西部世界的年代。那时，牛仔们把研磨好的咖啡粉加进一壶水中，然后在火上加热来制作咖啡。当咖啡粉充分沉淀时，将咖啡沿着壶的边缘倾入杯中。制作椰子牛仔咖啡无须浓缩咖啡，普通过滤式咖啡即可。

配料
（2人份）
240 毫升不加糖的椰奶
3 汤匙巧克力糖浆
240 毫升过滤式咖啡
（例如美食家咖啡）

做法

在锅中加热椰奶。你还可以将其打发，从而使椰奶产生一层好看的泡沫层。

先将巧克力糖浆倒入高脚玻璃杯中，再小心地倒入（或者已经打发的）热椰奶。接着，小心地把热的过滤式咖啡倒入其中并搅拌。

现在就可以立即享用啦！

热饮

文代讷咖啡
（加 COAST 8410 啤酒 ）

在小雨绵绵的冬日，或在秋季散步后，饮用这款令人振奋的咖啡会非常美味。我们在制作这款咖啡时，使用的是本地高度发酵的手工黑啤，这种啤酒产自文代讷，装瓶后会二次发酵。

配料
（2 人份）
1 瓶啤酒（最好是"8410 比利时海岸黑啤酒"）
1 汤匙蜂蜜（或 10 克糖）
1 杯热咖啡（例如有机浓缩咖啡）
40 毫升威士忌
适量打发奶油

做法

加热啤酒，请注意不要让其中的酒精挥发（不要加热到 70℃以上）。把蜂蜜或糖分成两份，分别放入 2 个耐热玻璃杯中，再分别倒入热啤酒。

之后分别加入热咖啡和威士忌，并小心搅拌。用打发奶油装点玻璃杯。

热饮
姜饼咖啡

配料
（6 人份）

50 克酸苹果酱（口味近似于
不太甜的林堡果酱）

25 克红糖

15 克姜粉

10 克肉桂粉

1/2 勺发酵粉

6 小杯热咖啡

（例如桑托斯柔和咖啡）

230 毫升咖啡奶油

（含脂量 10% ~ 18%）

350 毫升打发奶油

1 汤匙丁香粉（可选）

做法

　　将酸苹果酱、红糖、姜粉、肉桂粉和发酵粉倒入一个小碗，混合均匀。将碗盖住，在冰箱中放置至少 10 分钟。然后加入咖啡奶油，混合均匀。将约 1/4 杯热咖啡倒入一只玻璃杯，加入一勺混合物，搅拌直至咖啡将其完全溶解，然后把剩下的咖啡倒入玻璃杯，并注意在杯口留出 2 厘米的距离。再次小心搅拌，最后加上打发奶油就完成啦！可根据个人口味撒上 1 汤匙丁香粉。

热饮
蛋黄酒咖啡

配料
（每杯）

1/4 杯手工蛋黄酒

1 杯柔和的浓缩咖啡

（例如芳香马拉戈日皮咖啡）

适量轻微起泡的打发奶油

或打发的全脂奶泡

做法

首先为每人准备一只玻璃杯或爱尔兰咖啡杯，倒入 1/4 杯手工蛋黄酒。手工蛋黄酒的质地最好比较黏稠。然后小心地倒入浓缩咖啡，直到杯子七分满。

可以按照口味在热咖啡里加一点糖，不过柔和的浓缩咖啡不一定要加糖。需要注意的是，不要让浓缩咖啡和蛋黄酒混合在一起。如果蛋黄酒比较稀，倒浓缩咖啡时，可以沿着勺子的背面缓缓倒入玻璃杯。这样浓缩咖啡就不会和蛋黄酒混在一起了。最后，将打发奶油或打发的全脂奶泡放入杯中。这样，就得到了美丽的三层蛋黄酒咖啡。

在白昼渐短的秋冬季节，来一杯这样的热饮，再合适不过了。但对甜食和咖啡爱好者来说，夏末的夜晚，坐在露台上，来一杯蛋黄酒咖啡，也是莫大的享受……

热饮
草药拿铁加浓缩咖啡

配料
（2人份）

250 毫升全脂牛奶

1 个柠檬的皮，切碎

50 克香草糖

一小撮肉桂和丁香

100 毫升干邑白兰地

100 毫升浓缩咖啡

（例如芳香马拉戈日皮咖啡）

适量巧克力脆片

做法

在全脂牛奶中加入切碎的柠檬皮、香草糖和一小撮肉桂和丁香，煮沸。加入干邑白兰地和浓缩咖啡并混合。

把液体倒入高脚杯中，撒上适量巧克力脆片即可。

热饮
咖啡热可可

配料
（4 人份）

2 杯浓咖啡（例如摩卡浓缩咖啡或者芳香马拉戈日皮咖啡）

2 小杯牛奶

2 勺不加糖的可可粉

2 勺糖粉

3/4 小杯打发奶油

少许盐

少许磨碎的烤杏仁

做法

首先萃取浓咖啡并煮沸牛奶。

在小碗里混合可可粉和糖粉，然后往碗里小心地边搅拌边倒入一小杯牛奶，之后再倒入第二杯牛奶。加入少许盐，然后将所有的食物放入平底锅中煮大约 10 分钟，注意选用不易烧煳食物的平底锅。

离火，充分搅打，使混合物变得黏稠发泡。之后慢慢加入咖啡，同时继续搅拌，然后倒入大碗，加上打发奶油，并撒上少许磨碎的烤杏仁，趁热食用。

热饮

可可黎各咖啡

配料

（2人份）

230 毫升全脂奶油

30 毫升龙舌兰糖浆

1 茶匙香草精

230 毫升热咖啡

（例如桑托斯柔和咖啡）

15 毫升咖啡利口酒

（食谱参见第 130 页）

45 毫升龙舌兰酒［制作这种
饮品时，最好选用具有香草
和（或）焦糖风味较为柔和
的龙舌兰酒］

少许肉豆蔻粉（可选）

在本食谱中，我们使用了龙
舌兰糖浆，因为它和龙舌兰
酒一样，都来自龙舌兰这种
植物。你也可以用枫糖浆或
者蜂蜜替代龙舌兰糖浆。

做法

将全脂奶油、龙舌兰糖浆和香草精一起放入
碗中，搅打直至奶油变硬。

将热咖啡、咖啡利口酒和龙舌兰酒一起倒
入大杯子里，最后用打发的奶油和少许肉豆蔻
粉装饰。

热饮
墨西哥摩卡

配料
（2 人份）
30 克黑巧克力，切成小块

230 毫升椰奶

150 毫升浓缩咖啡

（例如有机浓缩咖啡）

1/4 茶匙肉桂粉

少许红辣椒粉

1/4 茶匙香草精

做法

用中火加热黑巧克力和椰奶，充分搅拌，使黑巧克力与椰奶完全混合，之后用小火慢慢煮一会儿。

等黑巧克力完全熔化后，将锅离火，倒入浓缩咖啡、肉桂粉、红辣椒粉和香草精并搅拌。最后把液体倒入两个杯子中，让这杯饮料好好温暖你一番吧！

热饮
去流感咖啡

配料
（2人份）

1 杯热的、风味柔和的浓咖啡
（例如桑托斯柔和咖啡）

1 个蛋黄

1 勺蜂蜜

1 利口酒杯的朗姆酒

做法

为每人制作一杯浓烈且热乎乎的咖啡吧！重点是要选用柔和甜美的阿拉比卡拼配咖啡，这样做出的饮品就不会有苦味了。

在一个大杯子里把蛋黄和蜂蜜一起打散，加入朗姆酒。

将浓咖啡倒入杯中，并用力地彻底搅拌。

这杯饮品很热，小心别烫着舌头！不过喝下它，流感去得快！

甜点

晚八点的惬意

配料

（4 人份）

1 杯醇香的冷咖啡
（例如芳香马拉戈日皮咖啡）
500 毫升巧克力冰激凌
1/4 杯薄荷酒或者薄荷糖浆
（无酒精版）
4 块超薄的薄荷味巧克力
［例如著名的晚八点巧克力
（After Eight），可选］
4 片新鲜薄荷叶（可选）

做法

　　将冷咖啡、巧克力冰激凌和薄荷酒（或薄荷糖浆）倒入搅拌机中，慢速搅拌。之后将混合物分别倒入 4 个窄口的葡萄酒杯中，分别用 1 块薄荷味巧克力和 1 片新鲜薄荷叶装饰。

甜点

咖啡奶油焦糖布蕾

配料

（4 人份）

500 毫升奶油

1 茶匙浓咖啡

（例如芳香马拉戈日皮咖啡）

60 克糖

4 个蛋黄

1 小袋香草糖

少量红糖

做法

　　把红糖以外的所有配料充分混合在一起。把混合物分别装进 4 个小碗，然后把这些小碗放进装着水的大碗里（隔水蒸）。把隔水蒸碗放入烤箱，中火烤 1 小时，取出后放入冰箱，放置 4 小时。

　　在上桌前，撒上一层薄薄的红糖，然后用喷枪使红糖焦糖化。

甜点

冰霜小姐

配料
（4人份）

1/4 杯细砂糖

1/4 杯冰糖

1 杯现煮的浓咖啡

（例如芳香马拉戈日皮咖啡）

1/2 茶匙杏仁香精

适量打发奶油（可选）

4 个马拉斯奇诺樱桃

（译注：常用作蜜饯的一种
小型樱桃）

做法

将细砂糖和冰糖倒入现煮的浓咖啡里溶解，
冷却后加入杏仁香精。将混合物倒入 1 个冷冻
盘里。

冷冻，直至混合物近乎结冰。

取出混合物，搅拌均匀并继续冷冻，直到其
变为雪葩（冰沙）状，用勺子把咖啡雪葩挖到冰
激凌杯中，挤上适量打发奶油，再放上 1 个马拉
斯奇诺樱桃作为装饰。

适合各位美食家享用！

甜点
咖啡核桃蛋糕

配料
（2 块长度约为 18 厘米的蛋糕）

110 克自发面粉

1 茶匙发酵粉

110 克软黄油

110 克浅色棕糖

1 茶匙浓缩咖啡

2 个鸡蛋

30 克切碎的核桃仁

配料
（咖啡糖霜）

200 克糖粉

40 克黄油

2 勺水

30 克极细砂糖

2 茶匙浓缩咖啡

（例如有机浓缩咖啡）

做法

将烤箱以 165℃预热。

用黄油涂抹 2 个约为 18 厘米长的点心模具，并垫上防油纸。

将自发面粉和发酵粉过筛，倒入碗中。

往碗里加入软黄油、浅色棕糖、浓缩咖啡、鸡蛋和切碎的核桃仁。

首先使用木勺混合所有配料。

然后搅打 1 分钟，使面糊表面光滑。

将面糊均匀地倒入准备好的两个模具中，抹平。

将模具推入预热好的烤箱中部，烤 25 分钟。

让 2 个蛋糕在模具里冷却 20 分钟，再脱模并继续冷却。

制作糖霜：在碗里为糖粉过筛。将黄油、水、极细砂糖和浓缩咖啡一起倒入小平底锅，开小火，搅拌直至糖溶解、黄油熔化（为了保留咖啡的风味，请不要煮沸混合液）。

继续煮，在混合液沸腾前，一次性倒入所有过筛的配料。仔细搅打，以获得平滑的糖霜。把平底锅离火，放在一旁冷却。之后再次搅打，使其变软。把蛋糕切成两半叠放，把糖霜分成两份，一份作为两块蛋糕的夹心，另一份浇在蛋糕顶部。抹平糖浆，用刀尖把顶部的糖霜弄得稍微粗糙一些。

甜点
咖啡小可爱

配料

150 克杏仁粉

120 克细砂糖

2 茶匙极细研磨的咖啡粉
（例如桑托斯柔和咖啡）

2 个蛋清

4 咖啡勺苦杏酒（amaretto）

做法

将烤箱以 200℃ 预热。

将杏仁粉、细砂糖和极细研磨的咖啡粉混合，持续搅拌，直到没有结块为止。之后加入蛋清（不要提前搅打）和苦杏酒。苦杏酒的量可以根据自己的口味来增减，不过面团必须保持黏合而不散开。充分搅拌以获得均匀的面团。把面团分成小块，放在烘焙纸上，然后用 200℃ 烘烤 20 分钟。这些饼干在外表轻微上色、里层略微湿润时最为可口。

如果此时再配上一杯可口的咖啡……这样的茶歇时间，再惬意不过。

甜点
飒苏打

配料
（4～6人份）
500 毫升咖啡冰激凌
1/2 杯朗姆酒
2 勺磨成细粉状的柔和
咖啡粉（例如桑托斯柔
和咖啡）＋ 1 勺咖啡粉
作为**装饰**
4～6 个香草冰激凌球

做法
　　将咖啡冰激凌倒入料理机或搅拌机，加入朗姆酒和 2 勺研磨咖啡粉，高速搅拌至表面光滑。

　　将刚刚搅拌好的冰激凌倒入高脚玻璃杯，然后每杯放上 1 个香草冰激凌球，把剩下的咖啡粉撒在冰激凌上。最后，插上 1 根粗吸管。

　　甜点上桌时请配 1 把长柄小勺。你可以用它招待 4～6 位客人。

甜点

咖啡巧克力（纸杯）蛋糕

配料

1 小杯萃取得较浓的浓缩
咖啡（例如芳香马拉戈日
皮咖啡）

200 克苦巧克力丁

150 克黄油

4 个鸡蛋

100 克自发面粉

配料
（装饰）

1 勺研磨咖啡粉和巧克力
颗粒的混合物

少量打发奶油

做法

将烤箱以 150℃ 预热。

将浓缩咖啡、苦巧克力丁和切成丁的黄油混合。

把碗隔热水加热，在碗里搅拌所有配料直至其混合均匀。你也可以尝试用微波炉融化所有成分，不过需不时搅拌，以获得均匀的混合物。传统的方式是最安全的……

把蛋清和蛋黄一起打散，往蛋液里分批加入面粉。

一边搅拌，一边把蛋液加入温热的咖啡巧克力混合物中，然后把混合物倒入刷过油的烤盘或者特氟龙烤盘中。把烤盘放入预热过的烤箱，烤约 30 分钟。

完成烘烤后，立即用咖啡粉和巧克力颗粒的混合物装饰咖啡巧克力蛋糕。待蛋糕冷却后，在上桌前，用打发奶油装饰。

-小贴士-
我们用咖啡制作了纸杯
蛋糕，并用一些新鲜
打发的奶油和巧克力颗
粒装饰。

甜点

提拉米苏

配料

（6人份）

3 个鸡蛋，蛋黄和蛋清分开

4 勺细砂糖

300 克马斯卡彭奶酪

（一种意大利的鲜奶酪）

3 勺马尔萨拉酒

（一种意大利的甜点酒）

200 毫升新鲜萃取的浓缩咖啡

（例如摩卡浓缩咖啡）

100 毫升过滤水

1 包（175 克）长的手指饼干

（boudoirs）

一小簇薄荷叶（可选）

做法

搅打蛋黄和细砂糖，直至其变成淡黄色的黏稠状。将马斯卡彭奶酪与 1 勺马尔萨拉酒混合，用平勺将其轻轻拌进蛋黄和细砂糖的混合物中。搅打 3 个蛋清直至其变为固体状，然后将蛋清泡沫用平勺轻轻拌进马斯卡彭奶酪混合物中。

将浓缩咖啡、100 毫升过滤水和 2 勺马尔萨拉酒混合。把手指饼干浸泡在混合液里几秒，让它们吸收混合液。不要泡得太久，以防饼干太软太湿。把一半饼干铺在一个约 2 升容量的长方形盘子的底部。

把一半的马斯卡彭奶酪混合物铺在手指饼干上，并抹平。用同样的方法将剩下的手指饼干铺在这层马斯卡彭奶酪混合物上面，并在这层饼干上涂抹剩下的马斯卡彭奶酪混合物。之后把表面抹平。撒上可可粉，并用保鲜膜盖住。把盘子放入冰箱冷藏至少 3 小时，上桌前用一小簇薄荷叶装饰。

甜点
莫吉托咖啡冰激凌

配料
（6人份）
6 个蛋黄
150 克红糖
500 毫升全脂牛奶
一把薄荷叶
40 克粗研磨咖啡粉
（例如摩卡浓缩咖啡）
250 毫升奶油
80 毫升白朗姆酒（可选）
55 克巧克力碎（可选）

做法

在蛋黄中加入 50 克红糖并打散，放在一旁备用。

在平底锅中倒入全脂牛奶，加入 25 克红糖、切成大块的薄荷叶和粗研磨咖啡粉，搅拌后用小火煮，注意不要把全脂牛奶煮沸。趁热缓慢地把 230 毫升牛奶混合物加入打散的蛋黄糖液中。不断搅拌以防止蛋黄凝结。

搅拌好后，把剩下的牛奶混合物一起倒回平底锅里，继续搅拌 5 分钟后，将平底锅离火，接着把锅里的液体倒入有粗棉布的筛子中，过滤掉杂质和薄荷叶。

加入奶油搅拌，之后静置 4～5 小时。接着将其放入冰激凌机中，并依据你的口味加入巧克力碎或白朗姆酒。

-小贴士-

朗姆酒别加得太多，
否则冰激凌会太软。

菜肴
匈牙利野味红烩肉配波伦塔

配料
（4 人份）

100 克去核的烘烤用李子（最合适用来制作这道菜肴的是西洋李子：个头小、细长、蓝色、汁水少）

1 茶匙细砂糖

100 毫升新鲜萃取的浓缩咖啡（例如摩卡浓缩咖啡）

200 毫升红酒

2 片月桂叶

5 枚杜松子

5 枚丁香

750 克匈牙利野味红烩肉（可自行选择使用的肉类，如用牛肉）

4 个中等大小的洋葱

适量盐、胡椒

2 勺葡萄籽油

300 毫升肉汤

1 ~ 2 勺番茄酱

100 克（烹饪）奶油

1.2 升蔬菜清汤

200 克粗玉米粉

适量水

50 克黄油

做法

第 1 步

把烘烤用的李子和细砂糖一起放入 50 毫升浓缩咖啡里，浸泡 2 小时。将另外 50 毫升浓缩咖啡与红酒、月桂叶、轻轻揉碎的杜松子、丁香混合，用这份腌料把肉腌渍 1 小时。洋葱去皮切成大块。

第 2 步

从腌料中把肉取出，擦干并用盐和胡椒调味。在平底锅里倒入葡萄籽油加热，加入洋葱，用大火煎肉。之后倒入腌料和肉汤，炖 1.5 小时。倒入番茄酱和奶油搅拌，并用盐和胡椒调味。

第 3 步

匈牙利野味红烩肉很适合搭配波伦塔（译注：Polenta，意大利菜，类似玉米糊）食用。制作波伦塔时，在锅里加热蔬菜清汤，并加入粗玉米粉慢慢搅拌。把火调小，再煮约 40 分钟。时不时用木勺搅拌直至锅里的混合物变成糊状。如果太稠，请加适量水。

第 4 步

在制作波伦塔的同时，在锅里加些水，加热李子，并煮一会儿。将黄油拌入波伦塔，然后搭配肉与李子一起食用。

菜肴

咖啡炖肉

配料
（6人份）

1 个洋葱，切成圈

2 瓣大蒜，碾碎

2 勺橄榄油和 1 小块黄油

1.5 千克牛肉，切块

适量盐和磨碎的黑胡椒

125 毫升红酒

250 毫升新鲜萃取的浓缩咖啡（例如摩卡浓缩咖啡）

2 毫克甘牛至

5 毫克罗勒

125 毫升奶油

做法

用橄榄油和黄油翻炒洋葱和大蒜，直至它们变软，呈半透明状。

把洋葱和大蒜捞出。

用锅里剩下的油把牛肉块煎成棕色。加入盐和黑胡椒。

加入炒过的洋葱，并倒入红酒和浓缩咖啡。

加入甘牛至、罗勒和奶油，然后小火慢煮，直至肉变得绵软。放置一夜后再吃，炖肉会更美味。

请搭配米饭食用。

菜肴

咖啡烤苹果

一道简单但滋味十足的配菜：用咖啡烤苹果。它非常适合搭配肉酱和红酒食用。试试看吧！

配料
（1人份）
1个适合炖煮的大苹果
适量黑糖
少许黄油
一杯强劲而风味浓郁的咖啡
（例如芳香马拉戈日皮咖啡）

做法

一位顾客曾经告诉我们，过去他父亲常常在冬天为孩子们烤苹果。做法是这样的：在陶碗里放入不去皮的苹果，去掉苹果核，然后往苹果里填入黑糖和少许黄油，再倒上一杯强劲而风味浓郁的咖啡。之后用烤箱以200℃烤30分钟，直到苹果被烤熟，但还未坍塌。你也可以把苹果切片，加黑糖放进烤盘里烤制，再浇上咖啡。

好好享用这份热腾腾的绵软的咖啡烤苹果吧！

菜肴
烤火腿配咖啡糖霜

配料
（1人份）

2 片白面包

1 勺红糖

1 勺苹果醋

2 勺咖啡（例如桑托斯柔和咖啡，
萃取得浓一些）

2 片较厚的火腿

适量黄油

做法

以最高温度预热烤箱。

去掉白面包的边，然后把面包捻碎。

将红糖、苹果醋、咖啡和面包碎一起搅拌至
糊状。

把黄油涂抹在烤盘上（以防粘锅）。先将火
腿放在烤盘上，再将搅拌好的糊状物涂抹在火腿
表面。烘烤5分钟直至火腿表面变成棕色。美味
的午餐就做好了！

菜肴

咖啡特内拉

特内拉（Ternera）是西班牙语，意为小牛肉。这是一道传统菜肴，因为搭配了咖啡酱，以及西班牙雪利酒或马德拉酒，所以具有特殊的风味。

配料

（4 人份）

4 块小牛排

少许葡萄籽油和黄油

腌料

150 毫升浓缩咖啡，或者其他极浓的萃取咖啡（例如摩卡浓缩咖啡）

2 勺液体蜂蜜

0.5 茶匙黑胡椒粉

1 茶匙百里香

1 茶匙迷迭香

1 茶匙薄荷叶

1 ~ 1.5 茶匙盐

3 瓣大蒜

酱汁

小牛排的腌料（做法参见右侧）

200 毫升奶油

2 勺马德拉酒或雪利酒

做法

腌渍

提前一天腌渍好小牛排。

将浓缩咖啡加入蜂蜜，再加入黑胡椒粉、百里香、迷迭香、薄荷叶、大蒜和盐调成腌料。将小牛排并排放在碗里，倒上腌料。盖好碗，放入冰箱冷藏 6 ~ 8 小时。

制作菜肴

在平底锅中加热少许葡萄籽油和黄油。把小牛排在腌料中翻个身，然后煎 90 秒，直至其变成棕色。把牛排取出放在盘子上。把腌料和奶油倒入平底锅，略煮一会儿，之后加入马德拉酒或雪利酒。将牛排放入锅中的酱汁里煮熟。

-小贴士-

　　适合搭配新土豆和煮烂的春季蔬菜一起食用，例如细豆角、豌豆、胡萝卜、宝塔菜（小小的螺旋形块茎，看起来有点像虾子，也被称为"日本土豆"）和花菜。

菜肴

墨西哥烤牛排

非常适合于夏季烧烤，不过冬季吃也不错。

配料
（2 人份）
3 个西红柿

2 个洋葱

3 瓣大蒜

100 克杏干

2 咖啡勺辣椒粉

2 咖啡勺香菜粉

2 咖啡勺孜然粉

1 咖啡勺新鲜研磨的黑胡椒粉

4 勺葡萄籽油

4 勺番茄酱

250 毫升新鲜萃取的浓咖啡
（例如芳香马拉戈日皮咖啡或
者摩卡浓缩咖啡）

2 块牛排

适量海盐

做法

西红柿去皮（把西红柿浸入沸水中几分钟，皮更容易脱落），去掉果蒂，果肉切成小块。

洋葱去皮，切成圈。大蒜去皮（用拇指或刀柄在案板上按压大蒜瓣，大蒜皮被弄破后就很容易去掉了），切成薄片。杏干切成 4 小块。在碗里混合辣椒粉、香菜粉、孜然粉和黑胡椒粉。在炒锅里加热 3 勺葡萄籽油，倒入大蒜、洋葱和杏干，小火翻炒 3 ~ 4 分钟。

加入番茄块和番茄酱，一起翻炒约 2 分钟。撒入 3/4 的混合香料（辣椒粉、香菜粉、孜然粉和胡椒粉），倒入浓咖啡。小火煮 10 分钟，直到形成较为浓稠的酱汁。把烤盘加热到滚烫，在剩下的葡萄籽油里加入剩余的混合香料，然后刷在牛排上。

牛排用大火烤约 6 分钟，撒上海盐。把牛排放在盘子上，倒上酱汁。

这道菜很适合搭配古斯古斯（译注：couscous，蒸粗麦粉，一种北非的食物）和豆角一起食用。

菜肴
咖啡面包

这是我曾祖母的独家秘方"蛋糕面包"的一种衍生。由于后来她的孙女和曾孙女都从事了咖啡行业，所以这种面包被加上了咖啡的风味。

配料
（制作 1 千克面包）

1 千克白面粉

少量盐

330 毫升全脂牛奶

50 克极细研磨咖啡粉
（例如有机浓缩咖啡）

70 克新鲜酵母

15 克黄油

6 勺细砂糖

2 个蛋黄

做法

把白面粉放进搅拌碗，然后在白面粉中间挖个小洞。在白面粉的表面撒上一点盐。

在全脂牛奶里加入极细研磨咖啡粉，加热，但不要煮沸。让咖啡牛奶冷却，待其变温热后过滤，以除去咖啡渣。加入新鲜酵母，搅拌至没有结块。小心地把混合液倒入白面粉中间的小洞。加入黄油、细砂糖和蛋黄，搅拌，直至碗里的配料变成一块面团。现在可以把面团揉成均匀的球状。把面团放进一个碗里，盖上铝箔，然后放入 40℃的烤箱中发酵约 30 分钟，或者发酵到面团体积翻倍。用手指在面团上戳个洞，如果洞不会回缩，就说明面团已经发酵好了。

把面团从碗里拿出来，再次揉面。揉面是烘烤面包最重要的环节之一。如果面团揉得不好，就不能好好发酵，那么你就会烤出一个又重又不蓬松的面包。所以别着急。

把装面团的碗再次放在 40℃的烤箱中,再发酵 20 分钟。取出碗和面团，然后把烤箱的温度升到 220℃。

再次揉面，直到面团变得松软，然后放入刷过油的模具里。在面包表面刷上打散的蛋黄液（配料外），然后在烤箱中烘烤 45 分钟。想要检查面包是否烤好了，可以插根蛋糕测试针进去。如果针拔出时没有粘上面团，就说明它已经烤好了。

关于作者

［比］马尔蒂内·奈丝特尔斯

作为专业的广告撰稿人，马尔蒂内为各种公司撰写了 35 年的广告文案，当然也写了无数关于咖啡的文章和手册，其中包括两本书：《Koffie Kàn 之书》被挑剔的咖啡爱好者奉为"圣经"；另一本书《咖啡，一位朋友》是应比利时咖啡烘焙师协会的委托而撰写的，这本书被翻译成了法语 Café mon ami。她还为比利时咖啡烘焙师协会协调了 1986 ~ 1989 年的咖啡行业促销活动，并开展了其他各种促销活动。

［比］马里昂莱·菲尔梅尔斯

经营着自己位于比利时文代讷的手工咖啡烘焙坊——Koffie Kàn。她是 Koffie Kàn 的创始人约翰·菲尔梅尔斯和马尔蒂内·奈丝特尔斯的女儿，自 1999 年起开始在父母的公司里工作。此前她曾在广告业和一家出口公司工作了数年。在开始工作前，她在巴塞罗那取得了工商管理硕士学位，并在布鲁塞尔取得了 EHSAL（艾斯）商学院的国际贸易硕士学位。为了了解咖啡世界，她参加了伦敦咖啡贸易联合会的国际咖啡课程，并接受了专业进口商的试训。